“新北”生活

北航社区设计成长记

北京市建筑设计研究院有限公司叶依谦工作室　编

图书在版编目（CIP）数据

“新北”生活：北航社区设计成长记 / 北京市建筑设计研究院有限公司叶依谦工作室编. -- 天津 : 天津大学出版社，2021.7
ISBN 978-7-5618-6999-4

Ⅰ. ①新… Ⅱ. ①北… Ⅲ. ①高等学校－教育建筑－建筑设计－概况－北京 Ⅳ. ①TU244.3

中国版本图书馆CIP数据核字（2021）第147206号

策划编辑：金　磊　韩振平
责任编辑：郭　颖
装帧设计：朱有恒

“XINBEI” SHENGHUO: BEIHANG SHEQU SHEJI CHENGZHANGJI

出版发行　天津大学出版社
地　　址　天津市卫津路92号天津大学内（邮编：300072）
电　　话　发行部：022-27403647
网　　址　www.tjupress.com.cn
印　　刷　北京华联印刷有限公司
经　　销　全国各地新华书店
开　　本　200mm×200mm
印　　张　8 1/5
字　　数　130千
版　　次　2021年7月第1版
印　　次　2021年7月第1次
定　　价　96.00元

谨以此书

献给为北京航空航天大学校园建设作出贡献的人们

宿舍下沉庭院西北人视图

宿舍下沉庭院西南人视图

序一

建筑是凝固的艺术，校园建筑是校园历史的见证者和亲历者，是校园文化最直观和最生动的表达。自 20 世纪 50 年代初期北京航空航天大学（以下简称“北航”）建校以来，先辈们筚路蓝缕，艰苦创业，开启了校园规划建设的征程，也拉开了学校人才培养工作的序幕，形成了学校建设发展最原始的物质资本积累。校园北区最早的一批学生宿舍也是在这一时期建成的。在近 70 年时间里，学校发展形成可容纳约 5000 名学生的北区生活区，迎来了一批批北航学子，寄托了几代人的回忆和追思，早已成为镌刻着北航历史的艺术品。

随着经济社会的快速发展，物质生活日益充裕，信息资讯爆炸式增长，学校人才培养对生活配套设施也提出了更高的要求，而已过“耳顺之年”的北区学生生活区却已是疲态尽现，整体规划布局略显散乱，建筑老化且存在安全隐患，室内设施陈旧难以匹配学生学习生活需要等问题日益凸显。重构北区学生生活区，打造现代化的生活配套设施是提升校区生活保障能力的重要举措，也是推动高质量人才培养、促进高等教育内涵式发展的必然选择，因此，“整合资源、优化配套，打造一流的书院式社区”正式写入了学校“十三五”规划，打造全新的北区学生社区——“新北”，将镌刻着北航历史的艺术品升华为能够体现新时代北航精神的艺术品也成为北航建设者们新的历史使命！

要让“新北”流淌着文化传承的血液。在从无到有的过程中，北航建设了诸如教学区建筑群、新主楼等一批标志性建筑，也形成了雕栏玉砌、斗拱飞檐等特征鲜明的建筑文化符号，对承载了几代人记忆的学生生活区进行拆除重建，势必要将这些文化元素进行梳理和凝练，并在现代化建筑设计中进行呈现和升华。

要让“新北”镌刻着变革创新的基因。扎实落实以学生为本的服务理念，从“供给侧”深入思考建筑功能的需要，在有限的规划指标内，创新性地借鉴功能综合体的概念，高效整合学生生活建筑中所需的各项功能，实现地上空间的高效利用和地下空间的充分挖掘，同时通过信息化和物联网技术，实现建筑实体与数字模型的“孪生”交互，实现各项功能高效管理。

要让“新北”树立起质量发展的理念。经过近 70 年的发展，学校办学资源已初具规模，基础建设也已经开始从高速增长转向高质量发展，从经济适用兼顾美观的设计思维转向建筑全生命周期管理的规划思维，“瞻前顾后”地统筹考虑项目的策划阶段、实施阶段和运维阶段，充分发挥投资效益，充分满足学校人才培养的根本需要。

要让“新北”担当起人才培养的使命。深化环境育人、文化育人的理念，以建设项目为牵引，系统考虑保留建筑改造、区域环境提升、市政管线综合和交通流线优化等，打造环境舒适的生态学生社区，充分发挥校园文化的导向、教育与启迪功能，潜移默化地陶冶学生的情操，规范学生的行为，培养学生高尚的道德品质，成为学校人才培养的重要补充。

“新北”社区从策划动议到交付使用历经近 5 年的时间，而今，规划建设工作圆满完成，离不开上级单位和学校领导的高度重视，离不开地方政府相关部门的大力支持，离不开建设者们和各参建单位的辛勤努力，离不开全校师生的广泛参与。

历史的车轮碾过，终会留下或浅或深的痕迹，见证着践行历史的人们的传承、变革与思考，我们试着将这些进行整理和记录，这些经验将指引着新一代北航建设者在变迁中坚守，在传承中创新，为北航建设做出更大的贡献！

北京航空航天大学副校长

序二

北京市建筑设计研究院（以下简称“北京建院”）与北京航空航天大学的渊源可以一直追溯到 20 世纪 50 年代北航建校之初第一批教学楼的规划设计，在北航档案馆里可以看到当年的珍贵图纸资料，设计单位是北京建院，图签栏里总工的名字是当年北京建院“八大总”之一的杨锡镠。这些建筑已经以“北京航空航天大学近现代建筑群”的名义被整体收录在第三批“中国 20 世纪建筑遗产名录”之中。

在之后半个多世纪的时间里，承蒙学校信任，北京建院又陆续为北航设计了相当一批建筑，较有影响力的包括：柏彦大厦、世宁大厦、北航新主楼、唯实大厦、致真大厦、北区宿舍食堂、5 号及北区实验楼、3 号教学楼改造、沙河校区宿舍食堂、沙河校区图书馆等。这些项目，既得到了学校的肯定，也获得了颇多的设计奖项。其中的北区宿舍食堂，也就是本书的主角“新北社区”是北京建院为北航设计的第一个宿舍类项目。

“新北社区”的建设是在党中央提出北京疏解非首都功能，城市核心区减量发展的新总规要求，以及北航寻求创新型发展，打造复合式学生生活社区的内在需求背景下启动的。北京建院设计团队和学校基建部门精诚合作，充分调研沟通，反复推敲论证，最终交付给学校一个高完成度、精细化、创新性的建筑设计作品。

项目的建设和运维，充分展现了北航作为传统工科院校的务实精神和科技水准。团队不但将建筑设计完美实现，更是打造了一个智慧型的生活社区，为中国的高校基建树立了新标杆。

回顾北京建院与北航近七十年的合作历程，可谓硕果累累。展望未来，我衷心希望北京院能继续为北航的校园建设尽绵薄之力！

北京市建筑设计研究院有限公司董事长

下沉庭院攀岩墙

目录

整体设计理念 015
项目背景与设计历程 021
方案创作 028

方案研究阶段 028
方案投标阶段 040

工程档案 068

工程设计阶段 068
工程实施阶段 104

灿若朝阳　一路北航
——新北成长社区研创札记 147

附录 162

项目建设大事记 162
项目相关设计与建设团队 164

宿舍下沉庭院及宿舍立面局部

整体设计理念

一、根植校园空间环境的有机改造更新

北京航空航天大学始建于 20 世纪 50 年代，是北京著名的“八大学院”之一。历经 60 多年的发展建设，北京航空航天大学学院路校区（以下简称学院路校区）逐步形成了历史空间轴线清晰、环境优雅静谧的校园空间特征。

学院路校区的“北区宿舍”并非一栋宿舍建筑，而是特指学院路校区主教学区东西主轴线以北、南与“绿园”紧邻的一个区域。这个区域的建筑年代跨度大且功能复杂多样，既有 60 至 70 年代的“筒子楼”、单层坡顶的学生食堂，也有 80 至 90 年代的学生公寓、教室公寓，还有锅炉房、浴室、服务中心等服务用房，是北京高校校园空间的一种典型状态。除建筑设施陈旧、外部空间环境拥挤之外，建筑因超期服役而面临安全隐患是更加现实的问题，改造更新已经迫在眉睫。

设计伊始，我们就确定了尊重校园空间形态的总基调，以延续“绿园”为核心的开放空间轴线、与既有校园建筑群落相呼应的多层院落式空间形态等基本设计原则，力求实现建筑与环境的有机更新与创新发展。项目入住 2 年后，这里被北航师生亲切地称为“新北”，甚至成为校园的“网红打卡地”，这恰恰是对建筑师设计理念的最高认可。

二、打造以学生生活为核心的校园社区

社会学意义上的社区（Community）研究最早由德国社会学家斐迪南－滕尼斯提出，具有社会、团体、公众等多种含义。在我国，尽管社区的定义多元化，但强调人群内部成员之间的文化维系力和内部归属感是基本共识。特别是近年来，“社区建设”与“社区营造”的重要性逐步为社会认可，成为我国社会组织建设的基点。就大学校园而言，我国长期以来的“学生宿舍＋学生食堂”单一建设模式难以适应社会的快速发展变化，更难以满足大学生活的丰富性与多样化需求。为此，我们提出了建设以学生生活为核心的“校园社区”理念——校园社区以提供学生居住空间为基本功能，融合餐饮、学习、购物、健身、社交、生活服务等多元要素，使建筑成为学习生活和社交活动的空间载体。

“校园社区”强调以开放和交流为核心的空间形态，整个项目的公共服务功能均对整个校园开放，通过室外台阶、庭院开敞柱廊、半室外通廊等空间元素大大提升了可达性。结合起伏的绿地设置、疏密有致的植物搭配、室外楼梯和室外活动区设置等处理手法，令校园社区空间环境、尺度、气氛、空间感受特色鲜明，充满活力和吸引力。

三、构建以下沉庭院为核心的空间模式

北京市总体规划（2016—2035）强调“减量集约、高质发展”的基本原则，就本项目而言，地上新建建筑面积与拆除建筑面积严格对应是规划部门提出的基本条件。原北区宿舍本就存在面积指标不足、配套设施缺失的问题，若想进一步提升完善功能空间，向地下空间发展成为设计的必然选择。

在总体规划布局方面，宿舍楼采用了“双 C”围合中心庭院的基本构型，形成地面交通广场空间和地下庭院空间的“双主层”模式，完美实现了公共人流和学生住宿人流的高效分离，大大缓解了地面的交通压力。通过地下两个不同尺度的庭院花园确立地下室外公共空间骨架，串联大学生创新创业中心、学生食堂、攀岩咖啡区等功能空间，同时营造了一个高度共享又能够相互独立的学生活动核心空间。

四、以精细化设计为基础的宿舍居住空间

在对大量国内案例进行调研和多方案比选论证的基础上，本项目采用了“四人间＋独立卫浴”的居住模式。在轴线 3.6 米 ×6.6 米的标准间内，通过结合一体化家具设计，巧妙安排卫生间（为手盆、淋浴器、坐便三件套）、起居区、储物区、衣物晾晒区，满足学生日常生活起居。

五、立足适宜技术的可持续校园建筑

高效太阳能生活热水系统：项目采用太阳能＋空气源热泵系统，充分利用可再生能源。除必要屋顶设备区外，建筑屋顶满布太阳能热水集热器，总有效面积达到 1440 平方米，总制热量 231 千瓦，可满足宿舍区生活热水和厨房区用水。同时，宿舍区太阳能板分区布置，可独立控制以应对不同的用水负荷，进一步达到节能效果。

因地制宜的雨水综合利用系统：建筑周边和下沉庭院均采用下凹式绿地，充分进行雨水的滞蓄和净化。在下凹式绿地内设置溢流雨水口，将场地溢流雨水导向场地外侧校园绿地，北侧利用场地竖向坡度直接引入带状绿地，向南通过管网和提升系统引入学校绿园的荷花池，作为自然水体的补充水源，实现雨水资源间接利用。

宿舍室外台阶

食堂东南立面（攀岩墙）

六、创新高校食堂空间模式

随着社会发展，原有高校食堂模式已经远远不能满足学生的多样化需求，亟需创新。北区学生食堂采用大伙 + 特色餐模式，其中 1 层为常规自助餐形式，2~3 层为风味餐厅，地下 1 层为美食大排档，通过不同的餐饮模式提供多层次的就餐体验。餐厅合理组织各种流线，人流通过自动扶梯和电梯抵达各层前厅，高效便捷。餐厅采用开放式空间模式，以固定卡座、空间隔断、绿植等元素巧妙划分空间，利用家具的形态、色彩、室内材料和颜色的配置等丰富就餐体验，获得与营业餐厅一致的效果。地下设置中央加工厨房，引进高效加工生产线集中出产半成品，供应本餐厅和校内其他学生食堂，实现高效卫生运行。

七、对历史记忆建筑的融合创新

项目原场地被拆除的学生宿舍饱含了北航历届师生的校园情感，已经成为历史记忆。因此在设计之初，我们就提出了局部复原老建筑门头以延续校园传统的设计创意。在拆除阶段即选定位置，精心筛选，保留具有历史传承的灰砖材料。设计将门头设于地下一层庭院南侧正中作为咖啡厅入口，以富有历史感的材料、细致推敲的细节比例和材料搭配，使其成为下沉庭院的一个亮点区域。

八、主要技术指标

项目建设用地面积：约 4.4 万平方米
总建筑面积：115991 平方米
地上建筑面积：42586 平方米
地下建筑面积：73405 平方米
建筑层数：地上 7 层（最高），地下 4 层
建筑高度：24 米
宿舍容量：宿舍 932 间，床位 3728 个
食堂餐位数：2400 个

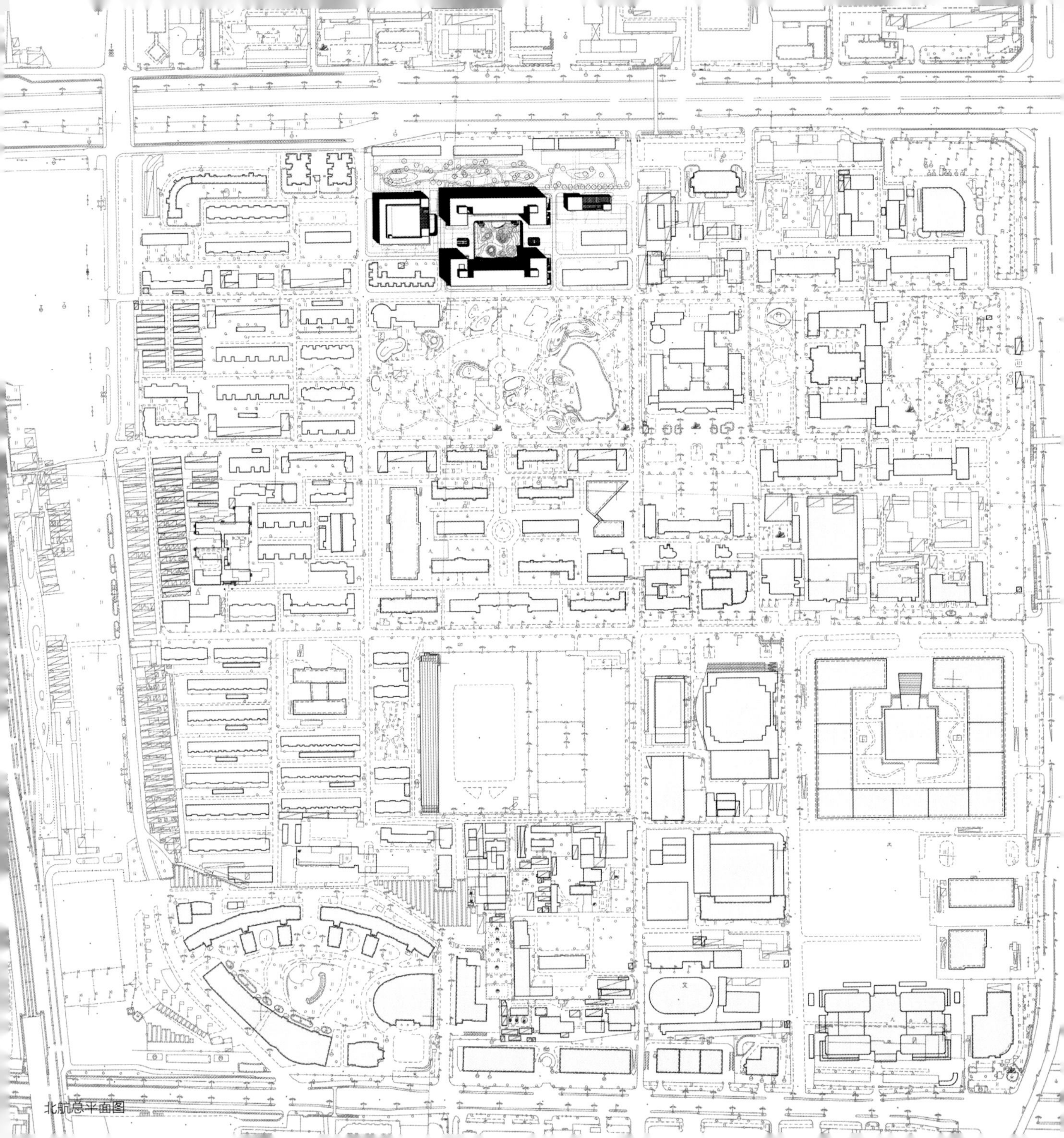
北航总平面图

项目背景与设计历程

一、渊源

北京建院与北京航空航天大学的渊源可以追溯到中华人民共和国成立初期。1952 年北航建校，北京建院的前身北京市建筑设计院即参与了校园规划工作。在北航学院路校区，历史最为悠久的主教学楼、1 ~ 4 号教学楼，都出自北京建院老一辈建筑师之手。在 20 世纪 90 年代，北航学院路校区经过将近 40 年的发展建设，校园规划和建筑格局已经完全成形。在此后将近 20 年间，北京建院先后设计建成了北航世宁大厦、北航柏彦大厦、北航新主楼（东南区教学科研楼）、北航唯实大厦、北航致真大厦等一批具有时代特色的教学科研与办公建筑，为北航的发展建设起到了重要的承上启下的作用。进入新世纪，北航校园内很多老建筑逐渐老化，设备设施更难以满足使用需求，改造与更新的要求已经十分迫切。

在此背景下，2015 年北京建院受学校委托，对北航学院路校区北区学生宿舍区进行整体更新改造开展前期研究工作。从那时起至 2018 年年底项目最终竣工交付使用，经历了将近 3 年时间。在此期间，设计团队先后完成了立项可研、方案投标、方案深化设计、工程设计、专项设计、工程服务、竣工验收移交等各项工作，为学校提供了全过程、高质量的设计咨询服务，获得各方的一致好评，也为设计团队在“全过程设计服务”方面获取了成功经验。

二、研究与策划

北航是典型的理工科院校，讲求科学的精神、严谨理性的思维方式、调查研究与不断更新迭代的工作方法，构成了一种特有的“北航气质”。这样的气质会潜移默化地影响建筑工程，建筑师的工作思维方式必定会受其影响而形成一种和而不同的有趣互动碰撞，这在这个项目中体现得尤为明显。

2015 年秋，学校着手启动对北航学院路校区北区宿舍的改造工作。当时， 老旧的“筒子楼”模式的宿舍楼舍遍布校园，其标准甚至已经落后于各地的重点中学。在国拨资金背景下，如何在严格的面积指标和投资控制的条件下创造符合新时代要求的高校学生宿舍，既是学校建设者的难题，更是摆在设计团队面前的现实性课题，是项目成功与否的关键指标。

在工作之初，除了建筑面积规模、住房套数等基础数据外，整个项目的定位与目标并不清晰。设计团队从收集国内外类似项目案例资料、数据分析整理等工作入手，进行了大量扎实、细致的研究工作，基本厘清了当时高校学生宿舍的主要使用模式和技术经济指标，初步确定了项目的基本定位、基本目标和使用模式，为

宿舍内庭院

学校的决策工作提供了强有力的支持。

在宿舍模式方面，主要有通廊式（筒子楼）、短廊式、单元式三种主要形式。设计团队对于其中的典型案例进行了实地走访调研，进行了基础数据的整理分析，进行了多方向、多维度的综合分析论证。正是在扎实细致的研究基础上，团队逐步厘清了本项目作为本科生宿舍的内在功能需求，“筒子楼”模式的简洁高效的优势依然存在，大幅度提高宿舍的私密性、提高卫生间配比、完善居住生活的各种功能空间是设计的主要突破方向。因此，初步研究结论基本形成，设计团队提供了多样化的宿舍模式比选方案，向学校提供了技术分析报告。

在学生食堂方面，“集约高效”的食堂楼模式在北航已有成功实践，而主要问题与提升的关键在于“餐饮模式”的升级。以往的学生食堂都是标准的“大伙”模式，集中售卖窗口提供标准化的菜谱供学生选择，而“风味”餐厅仅仅作为补充调剂。随着时代发展，这样的餐饮模式已经难以满足学生逐步提升的就餐需要，亟需多样化的就餐体验和餐饮服务。在调研过程中，设计团队逐步形成了餐厅社会化体验、多样平衡的供餐模式、餐厅服务功能完善的基本设计理念，同时提供了建议性方案供学校决策。

在规划布局方面，基于基本宿舍模式与餐饮模式的逐步明晰，在充分分析校园规划空间布局的基础上，充分考虑了北京城市总体规划对于地上建筑规模严格控制的基本条件，初步提出了地上宿舍 + 地下活动空间的基本布局方式，设想了以地面层和地下层进行合理人流组织的“双主层”模式，提出了开放式、共享化的学生社区概念。

经过将近 6 个月的工作，到 2016 年初，在与校方多轮次的互动和迭代之后，完成可行性研究。在综合分析研究宿舍形式、户型、淋浴形式、活动空间、配套功能、食堂布局形式、下沉广场形式的基础上，确定了主要技术指标与投资控制的匹配，基本明确了开放式学生社区的目标、宿舍通廊式布局与基本户型平面、以下沉庭院整合多样化功能等重要设计原则。

2016 年 7 月，取得工业与信息化部关于项目建议书的批复文件；

2016 年 10 月，取得工业与信息化部的关于可行性研究报告的批复文件，正式完成了前期立项手续。

三、创作与发展

2016 年 3 至 4 月间，学校发起组织了设计竞赛。在 4 家国内设计单位的竞争中，BIAD 得益于前期扎实的调研分析，对于校园空间关系、项目定位与愿景、使用模式的充分理解，以明显优势胜出，正式取得本项目的设计权。

2016 年 5 至 8 月间，BIAD 在中标方案的基础上再次全面深化方案，通过与上级主管单位和学校各部门反复协商沟通，确认了本项目的建设标准和设计需求，主要包括：“四人间 + 独立卫浴”的宿舍模式，核定了宿舍内部的卫生洁具数量、家具配置与尺度等关键参数；对中庭庭院空间、自行车车库、食堂的体量与造型进行了全面优化，形成最终实施方案。

2017 年 6 月，BIAD 完成全部施工图设计工作，项目转入施工阶段。

2018 年 12 月，项目竣工。

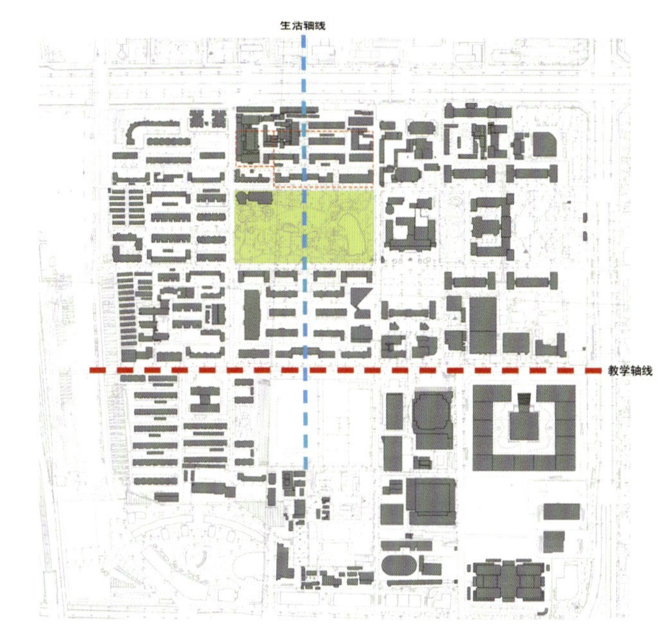

北航校园轴线分析图

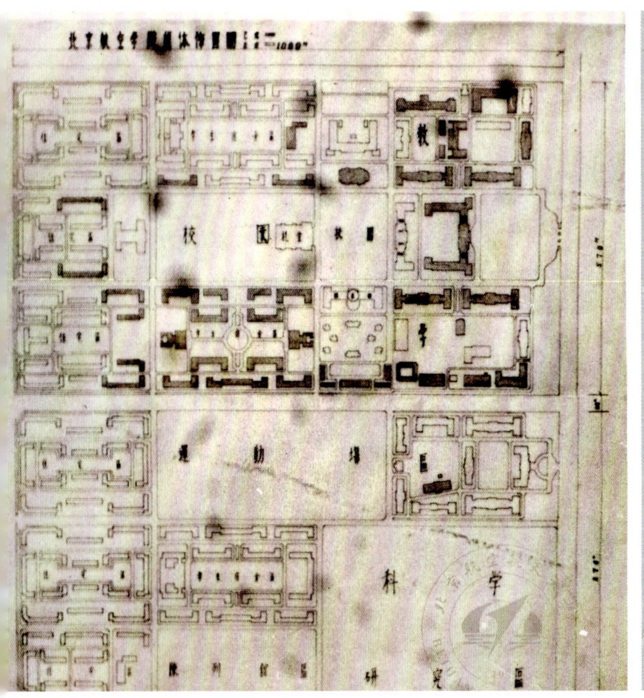

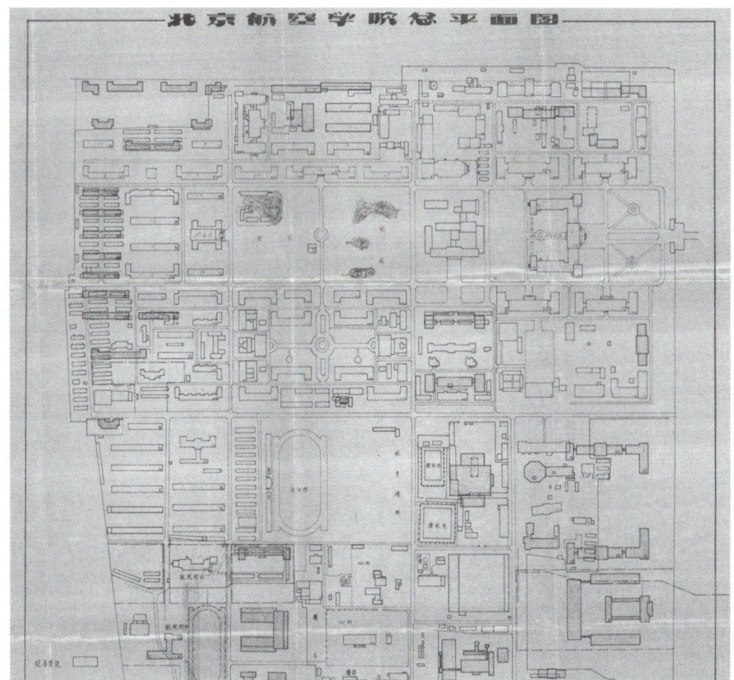

北航校园历史规划总图（组图）

学生宿舍与食堂立面

方案创作

方案研究阶段

2015 年 9 月—2016 年 3 月

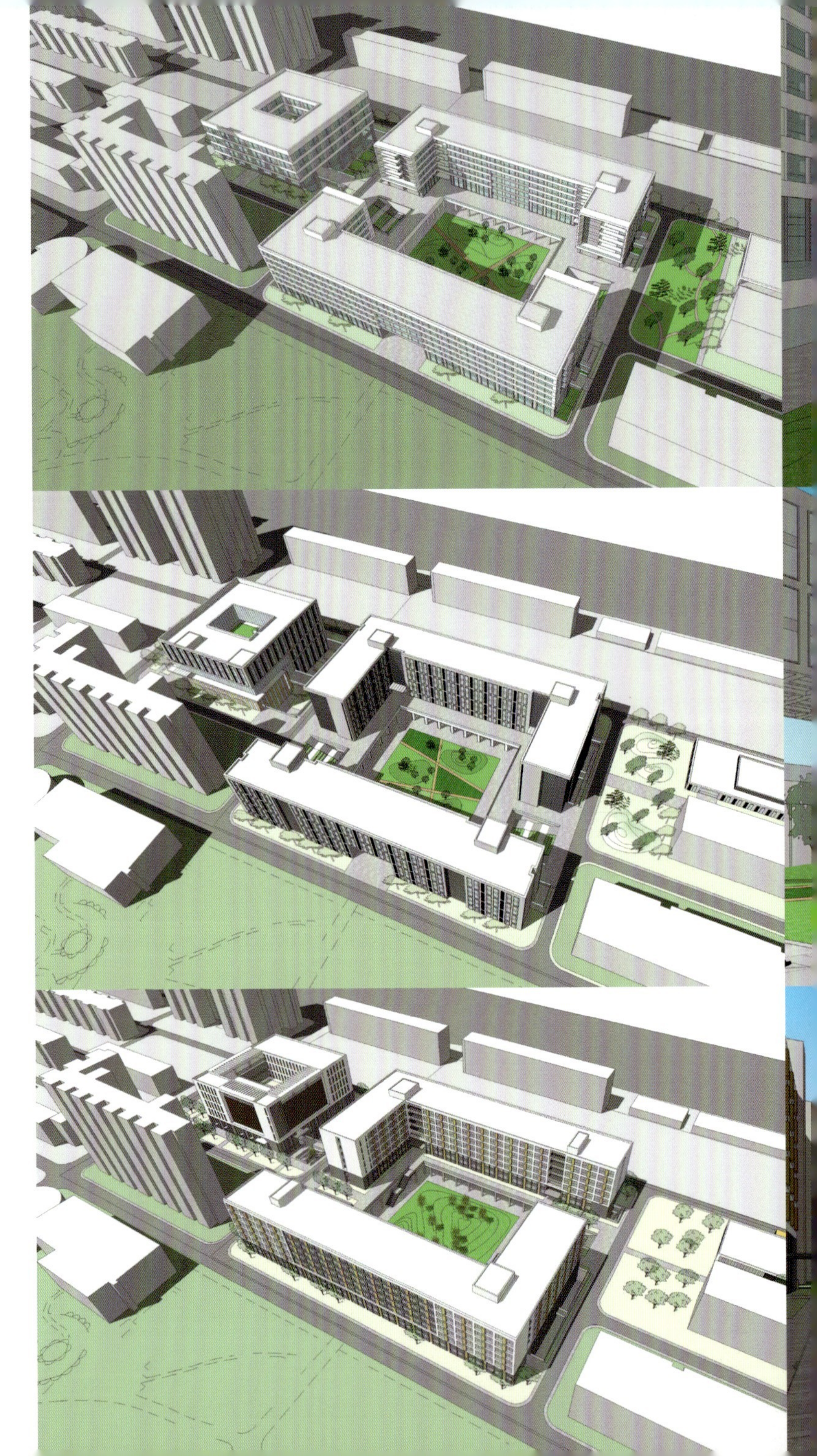

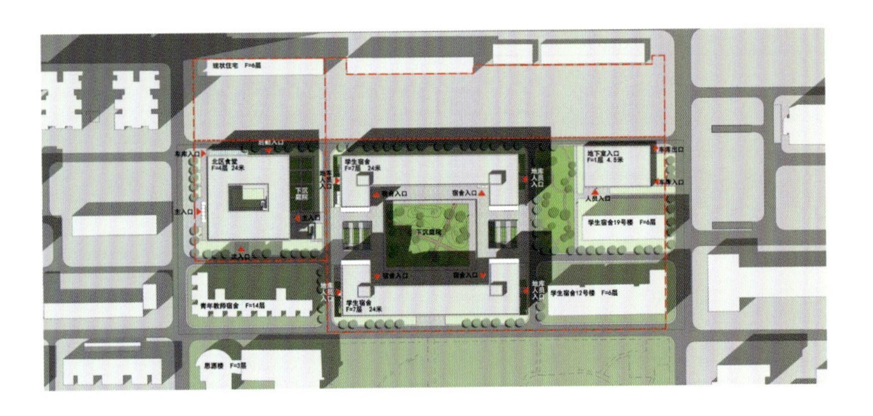

方案布局研究　方案一

宿舍楼呈双“C”形对扣布置，布局对称，延续了校园轴线关系，平面布置最为经济合理。

方案布局研究　方案二

宿舍楼呈“U”形布置，布局东西对称，北侧楼交通流线较长。

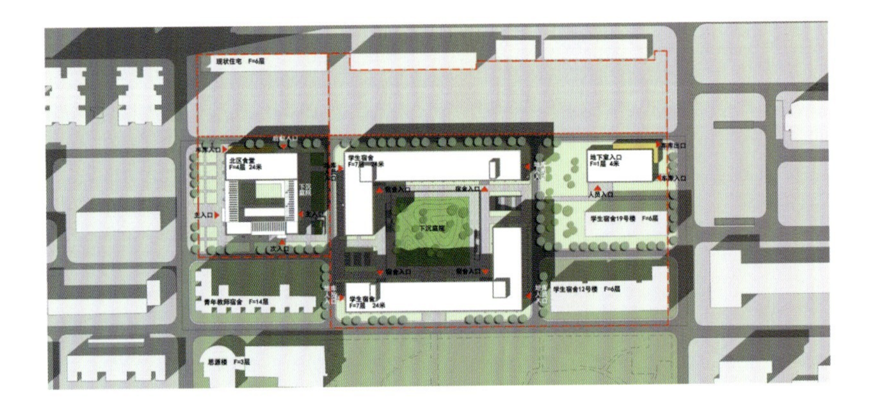

方案布局研究　方案三

宿舍楼呈双“L”形布置，与周边建筑关系相对协调。

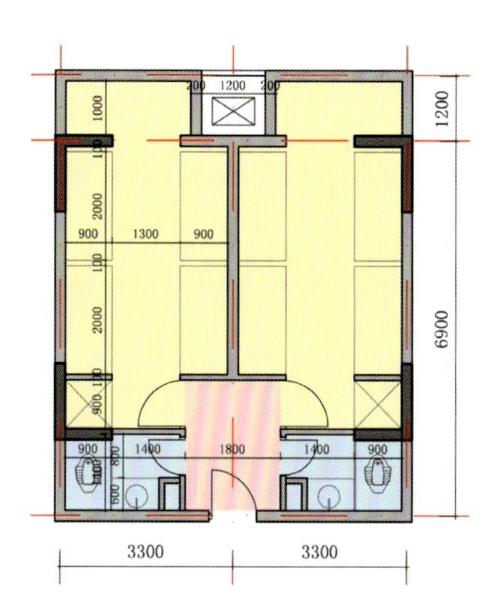

推荐宿舍布局

开间 3.3 米，总进深 8.1 米，每间宿舍套内面积 26.73 平方米，层高 3.3 米，可灵活布置 4 个单层床或高架床。

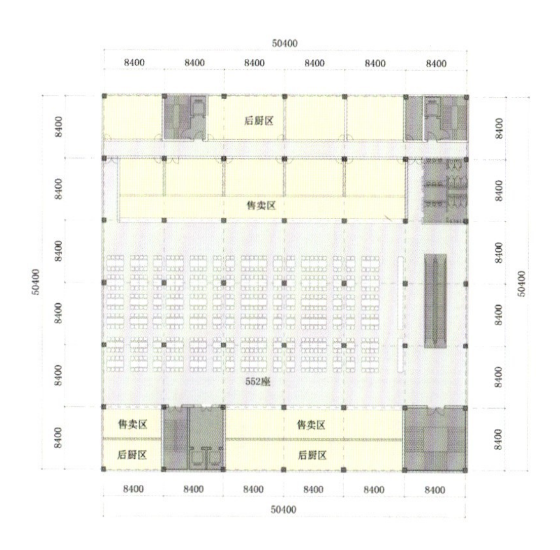

推荐食堂布局

由于用地限制，本方案推荐采用两侧式食堂布局，便捷高效。

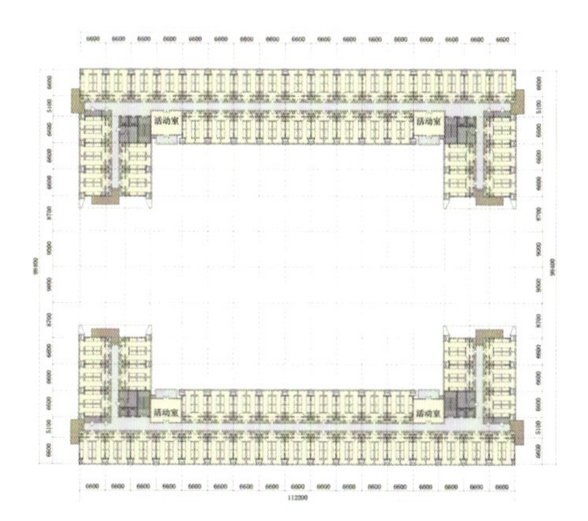

推荐宿舍布局

综合以上布局方案，双“C”形布局与校园轴线关系最好且最经济。

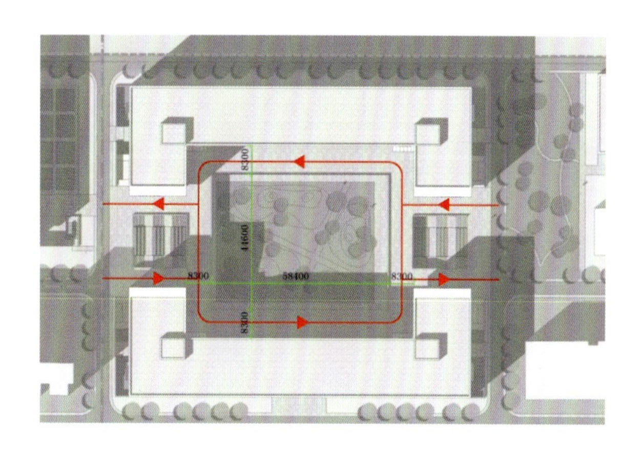

推荐下沉广场布局

设消防环路，提高首层利用率，丰富整体空间层次。

方案研究——全国高校调研实拍（组图）

2015—2016 年，设计团队考察调研了清华大学、天津大学、南京航空航天大学、南京理工大学、山东大学、上海交通大学等院校的宿舍、食堂基础设施情况，进行大量的分析研究工作，为后续设计奠定了坚实的基础。

宿舍空间模式 长廊式

案例：天津大学 53 斋学生宿舍

特点：长走廊联系各个宿舍单元，设有集中的公共盥洗室和楼梯间。平面紧凑，功能清晰，节省用地。

缺点：空间狭长单调、通风不佳，房间私密性较差，卫生间集中使用易造成拥挤。

宿舍空间模式 旅馆式

案例：南京大学陶园研究生宿舍

特点：宿舍单元内部设有独立的卫生间及阳台。卫生间分为布置在走廊侧与阳台侧两种。房间私密性较好。

缺点：建设成本较高，一般适用于研究生、博士生或留学生宿舍。

宿舍空间模式 短廊式

案例：清华大学人字形学生宿舍

特点：通过缩短走廊长度，改善了走廊的通风采光条件。可通过廊段任意拼接成理想的空间结构，丰富外部造型。

缺点：卫生间使用高峰问题无法解决，单栋面积小，不够节地。

宿舍空间模式 单元式

案例：武汉大学某学生宿舍

特点：布局模式类似于住宅，即由一个公共方厅连接卧室、盥洗室、卫生间、储藏室等房间形成一组套间。套内动静分区明确，空间私密性好。

缺点：建设成本较高，一般适用于研究生、博士生或留学生宿舍。单栋面积小，不够节地。

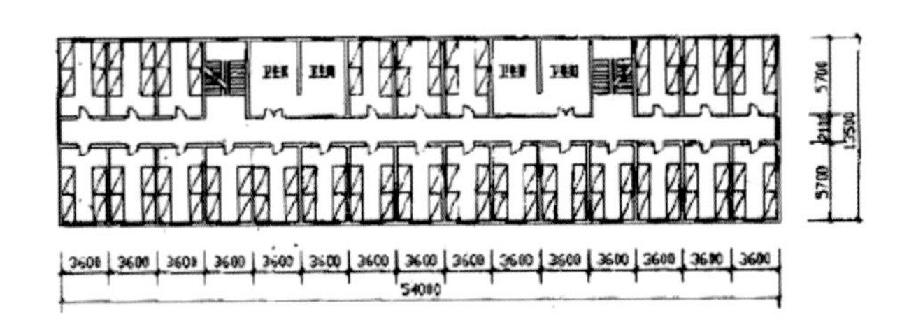

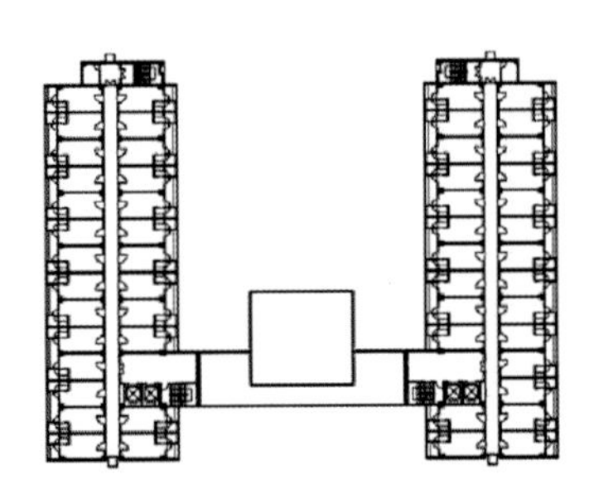

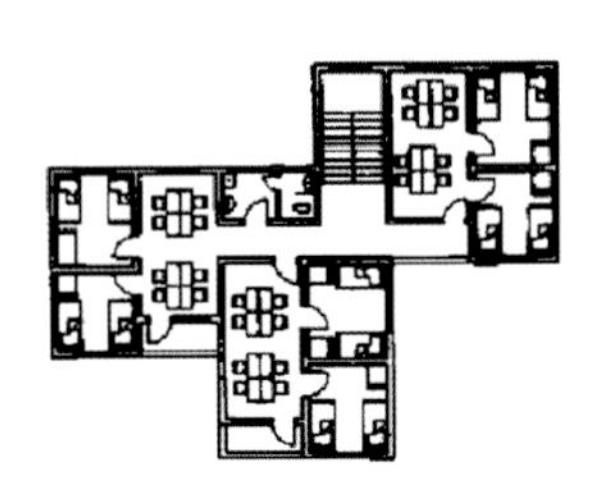

项目名称	开间	进深	层高	阳台尺寸	卫浴空间人均面积及方式	人均居住面积	人均面积	平面组织形式
清华大学大石桥学生公寓（本科）	4.2m	5.6m	3m	1.4m × 2.4m	— 集中	5m^2	10.1m^2	短廊单元式
北京工业大学某学生公寓（本科）	3.6m	5.4m	3m	1.05m × 1.8m	0.44m^2 集中	4.86m^2	10.07m^2	内廊旅馆式
天津财经大学东大学生公寓（本科）	3.6m	4.8m 5.4m	3.15m	1.2m × 5.5m	— 单元自带	4.14/4.32/4.86m^2	11.4m^2	单元式
北京航空航天大学沙河校区学生公寓（本科）	3.5m	5.0m	3.3m	1.3m × 2.4m	0.44m^2 集中	4.28m^2	9.3m^2	内廊旅馆式
南开大学西区学生公寓 $4^{\#}$（本科）	3.6m	6.0m	3.3m	1.05m × 5.6m	1.1m^2 单元自带	4.93m^2	9.75m^2	单元式
南开大学西区学生公寓 $8^{\#}$（硕士）	3.0m	4.8m	3m	1.2m × 2.7m	0.97m^2 单元自带	6.44m^2	15.4m^2	单元式（高层）

宿舍单元尺寸

综合比较京津冀地区各高校近期新建宿舍，结合本项目用地及指标等具体情况，建议宿舍单元轴线尺寸为 :3.3 米 ×8.1 米（进深含卫生间及阳台）。

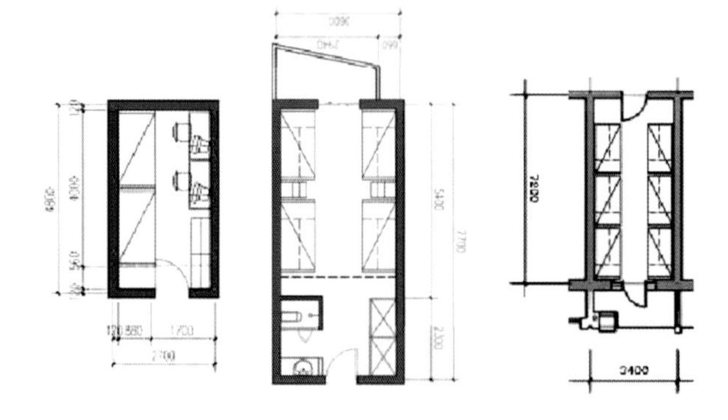

宿舍层高与布局

单层床铺房间 : 室内净高控制在 2.5~2.6 米。

双层床铺房间 : 室内净高控制在 2.6~2.8 米。

组合床房间 : 室内净高控制在 2.8~3.1 米。

布局方式则有休息空间与学习空间分开布置以及休息空间与学习空间结合布置等多种。

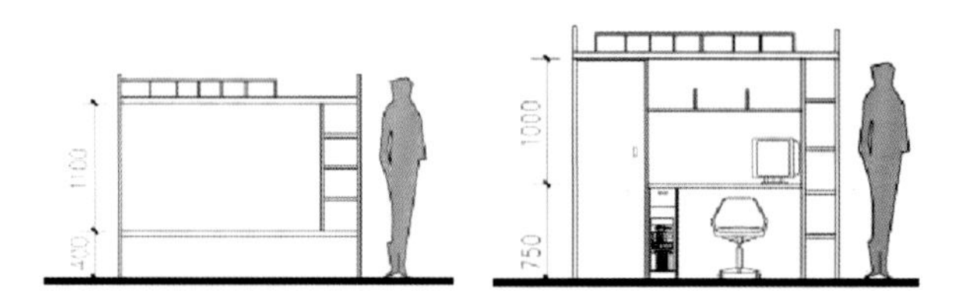

宿舍卫浴形式　集中式

一般占用两个宿舍单元进行布置，外间为盥洗室，内间为卫生间。淋浴间在楼层其他位置布置。

宿舍活动空间　集中式

每层占用一或两个宿舍单元布置活动室，满足学生日常会客、娱乐、自习等基本需求。

优点：能满足小型社团活动的需求。

缺点：私密性较差。

宿舍卫浴形式　独立式

将独立卫浴设施与宿舍单元组合在一起，一般布置在近走廊侧或近阳台侧。

宿舍活动空间　独立式

每个或几个宿舍单元单独拥有一间活动室，满足学生日常会客、娱乐、自习等基本需求。

优点：私密性较好。

缺点：家具布置量大，成本较高。

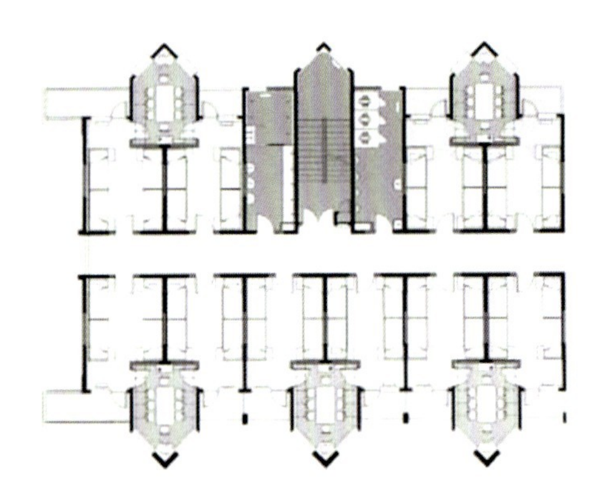

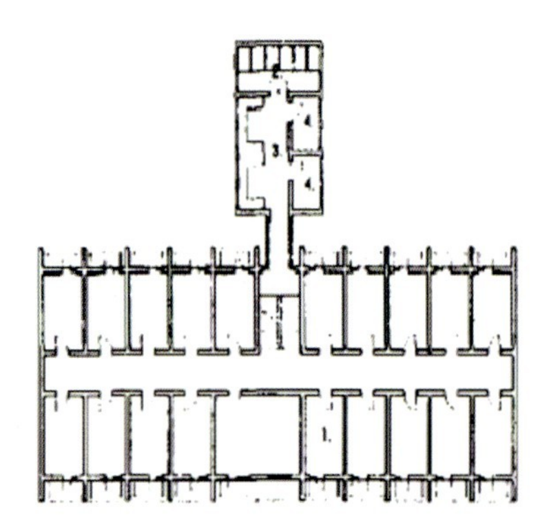

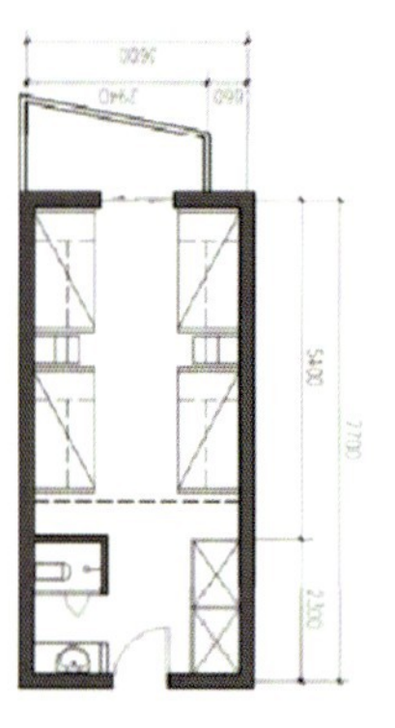

配套服务　垂直交通

综合设计规范要求与实际调研情况，7 层以下的学生宿舍一般可不设电梯。

配套服务　开水间

开水间使用效率较高，宜每层设置，以方便学生使用。供水方式一般采用集中式或独立式。开水间可单独布置，亦可与活动室、盥洗室或淋浴室等结合布置。

配套服务　洗衣房

洗衣房对通风采光要求相对较低，一般集中设置在宿舍楼的首层或地下 1 层，以方便管理和维护。使用方式一般采用刷卡或投币两种。

配套服务　自行车停放

学生自行车保有量较高，其停放一直是困扰各个高校的一大难题，目前主要有三种形式。①地面式，优点为停放方便，缺点为占地面积大，易杂乱。②机械式，优点为停放较方便，较节地，缺点为成本较高。③地下式，优点为节地，易管理，缺点为停放较不便。

宿舍名称	层数	电梯（部）	楼梯间宽	楼梯间数量	走道宽度	标准层居人数	经常很拥挤	有时拥挤	不拥挤
西安建筑科技大学 1 号学生宿舍	7	0	3.6m	2	2.1m	320	30.5%	55.6%	13.9%
西北政法大学学生公寓	6	0	3.3m	2	1.8m	132	14.3%	67.9%	17.8%
西安交通大学 10 号学生公寓	12	2	3.6m	2	2.1m	108	63.4%	33.3%	3.3%
西北工业大学“旺园”2 号公寓	24	4	3.3m	2	1.8m	252	92.3%	7.7%	0

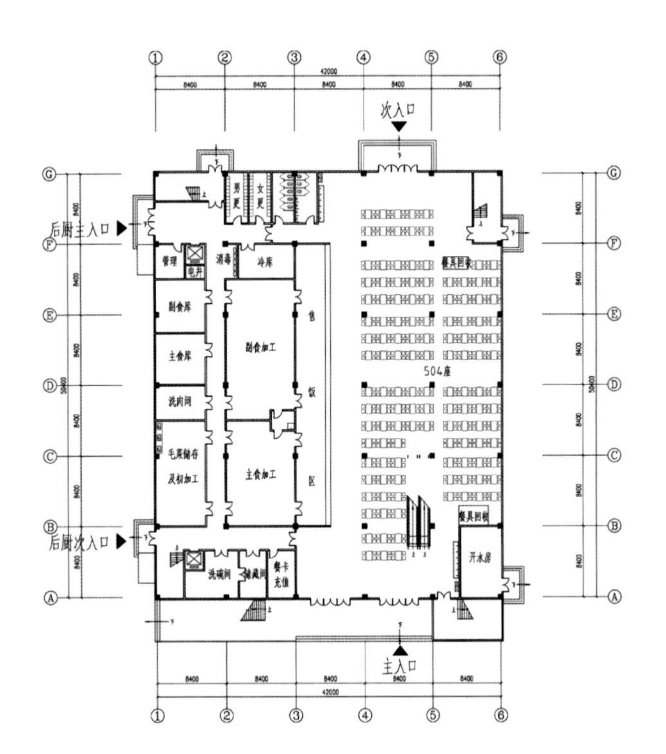

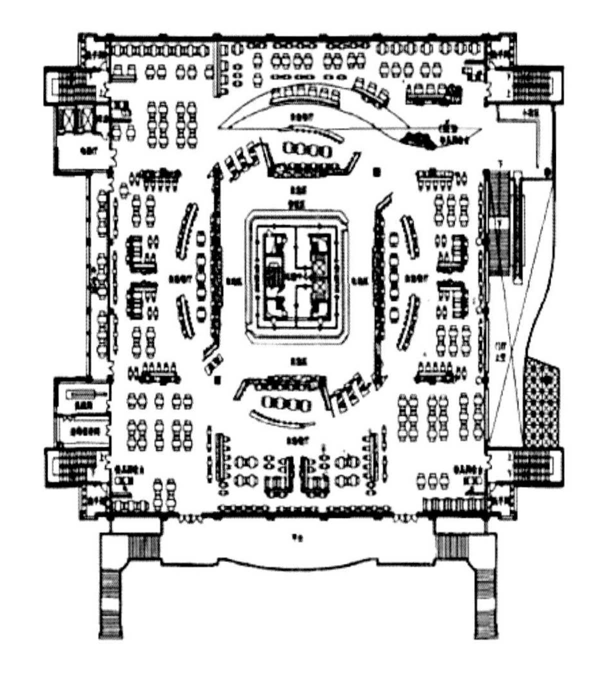

食堂布局模式　两侧式

案例：某大学食堂

优点：广泛应用于各大中小食堂的布局，案例丰富，货物出入方便，管理便捷 。

缺点：售卖区长度较短，易造成拥堵；就餐区进深较大，中部采光较差。

食堂布局模式　环岛式

案例：清华大学西区食堂 2 层观畴园餐厅

优点：就餐区环绕售卖区设置，采光视野俱佳，环境品质佳。

缺点：厨房操作区面积较小，需借用其他楼层面积。平面所需开间进深较大，不适宜单层平面面积较小的食堂。

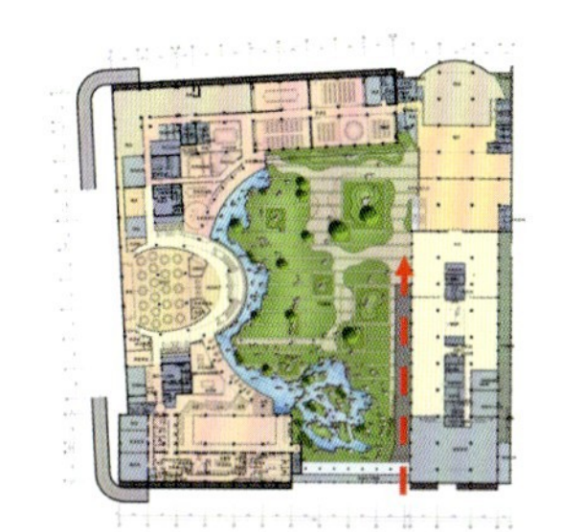

下沉广场消防设计

案例：北京大学博雅酒店

设消防坡道、无消防环路。

坡道长度长、占地面积大，影响下沉广场的完整性。

案例：蓝色港湾

设消防坡道、无消防环路。

广场面积大，有充分的长度设置双坡道；坡道与景观结合紧密，较为隐蔽。

案例：三里屯 SOHO

设消防环路。

案例：银河 SOHO

设消防环路。

方案投标阶段

2016 年 3 月—2016 年 4 月

东南鸟瞰图

宿舍透视图

堂透视图

宿舍内庭院透视图

宿舍下沉庭院透视图

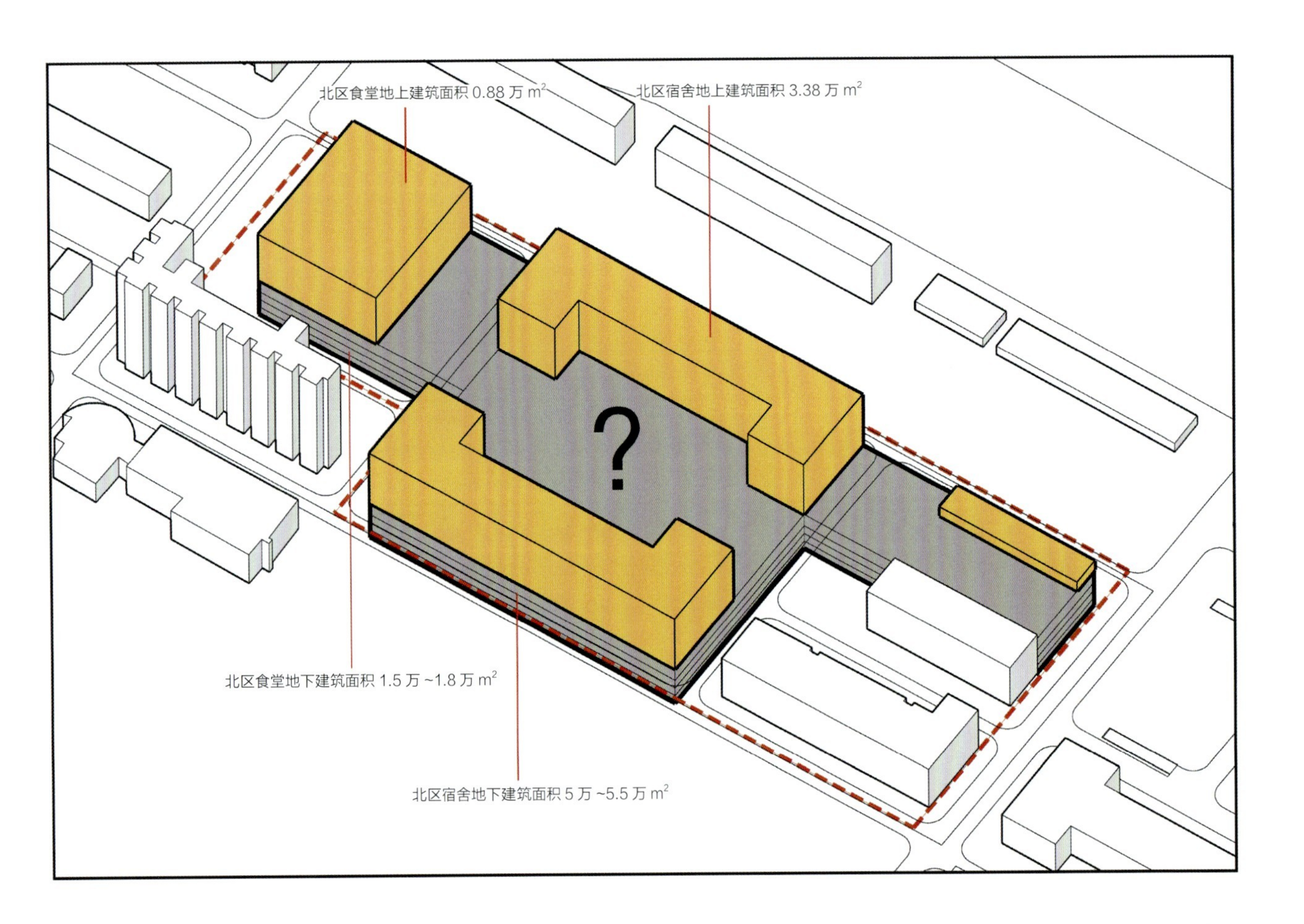

一、构建以下沉庭院为核心的空间模式

北区宿舍地下建筑面积为 5 万 ~5.5 万平方米，北区食堂地下建筑面积为 1.5 万 ~1.8 万平方米，北区总地下建筑面积约 7 万平方米。

其中地下功能空间包括创业中心、自行车车库、物业服务中心、食堂、主食库、加工中心、机动车库等。

挑战 1：地下建筑面积规模大，功能种类多样。

挑战 2：使用功能复杂，导致交通流线复杂。

挑战 3：如何提升地下建筑空间的环境品质。

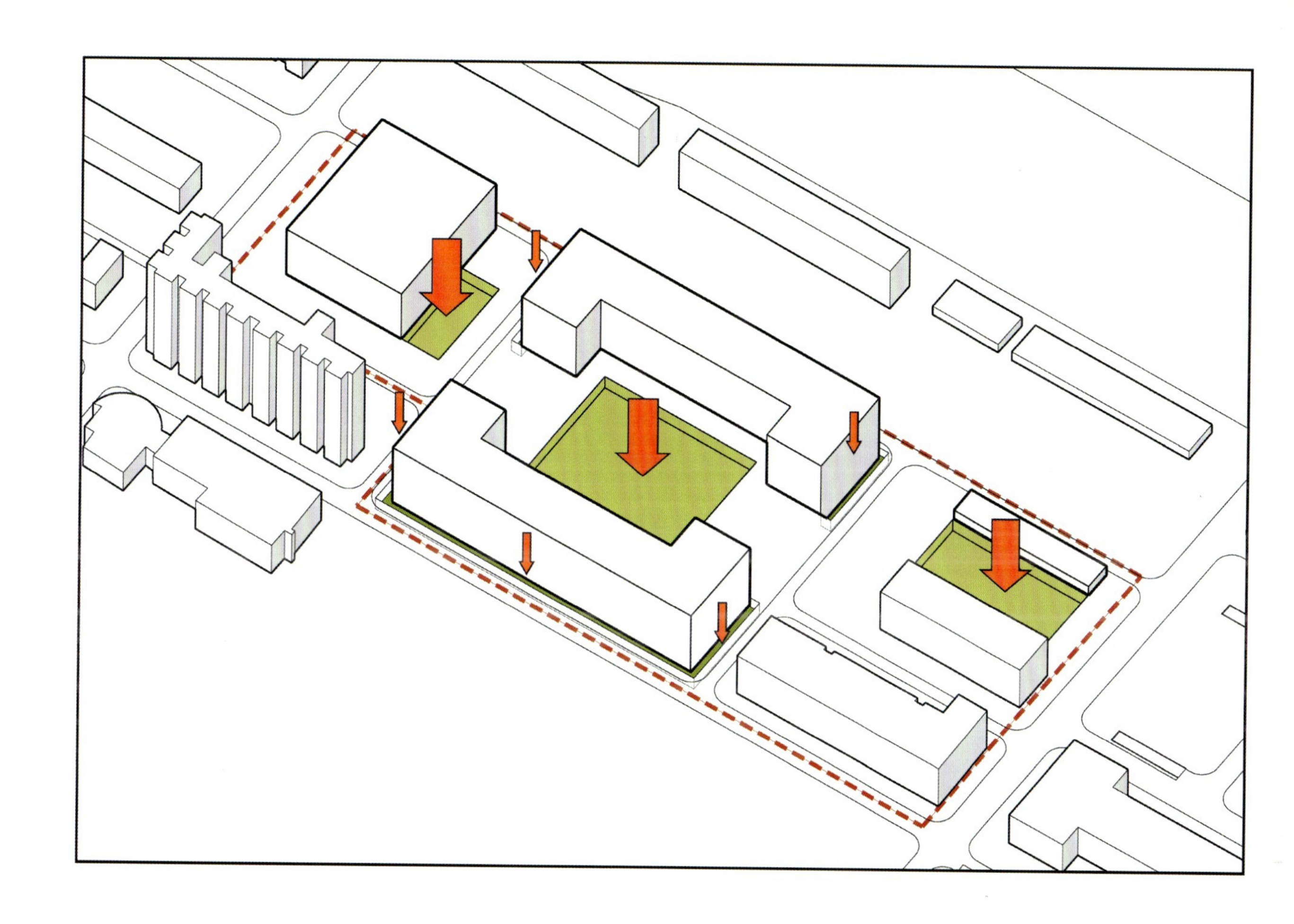

二、构建下沉空间，组织复合功能，提升环境品质

在保证宿舍、食堂的地上部分独立而舒适的前提下，使地下 1 层成为第二个首层，最大限度地带来室内采光和通风。

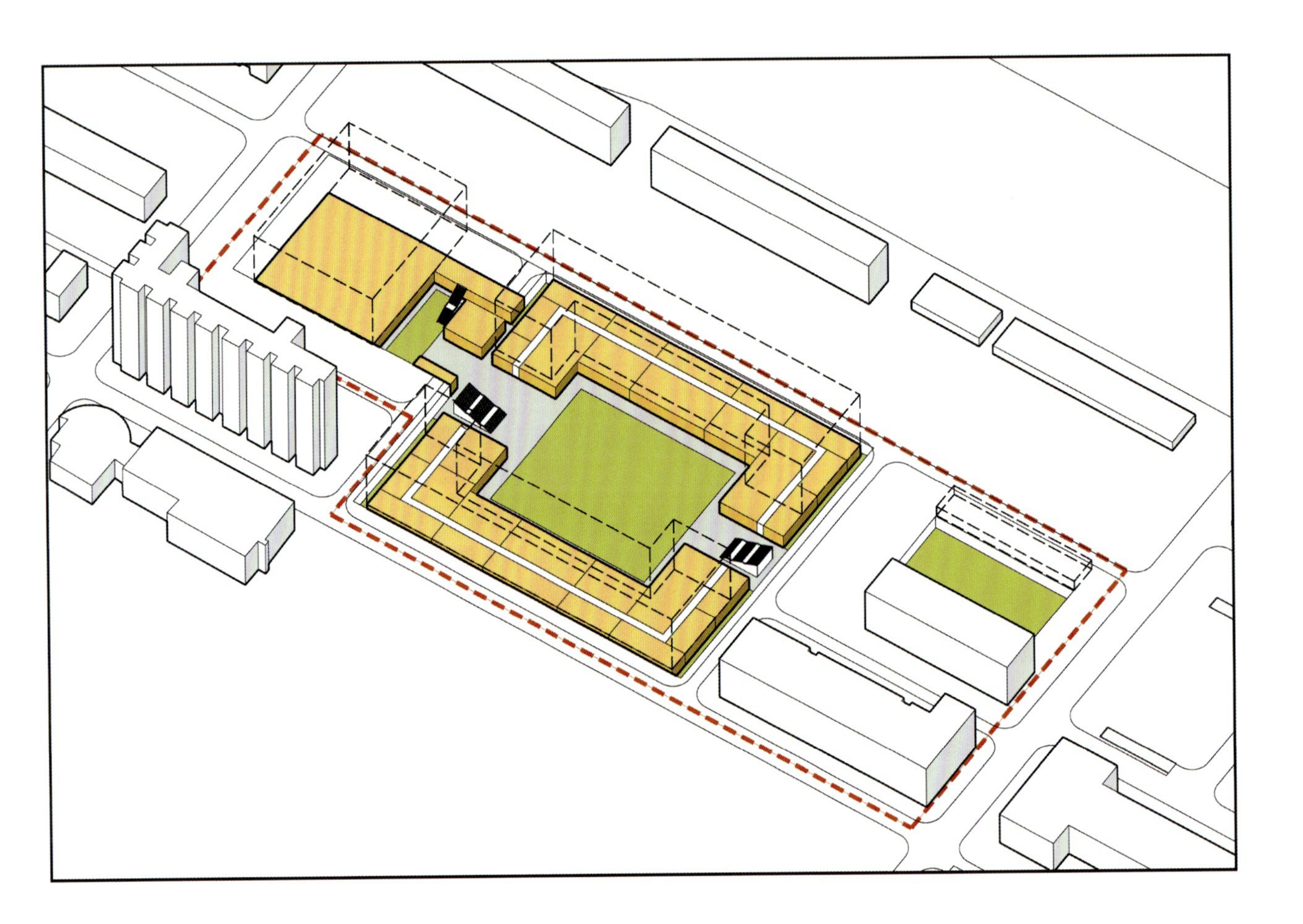

三、联系公共区，提供多种可能性

相互连通的下沉庭院能够吸引更多的学生、连接更多的活动，从而创造更多的可能性。公共空间的多样性、立体化和舒适程度都得到大大增强。

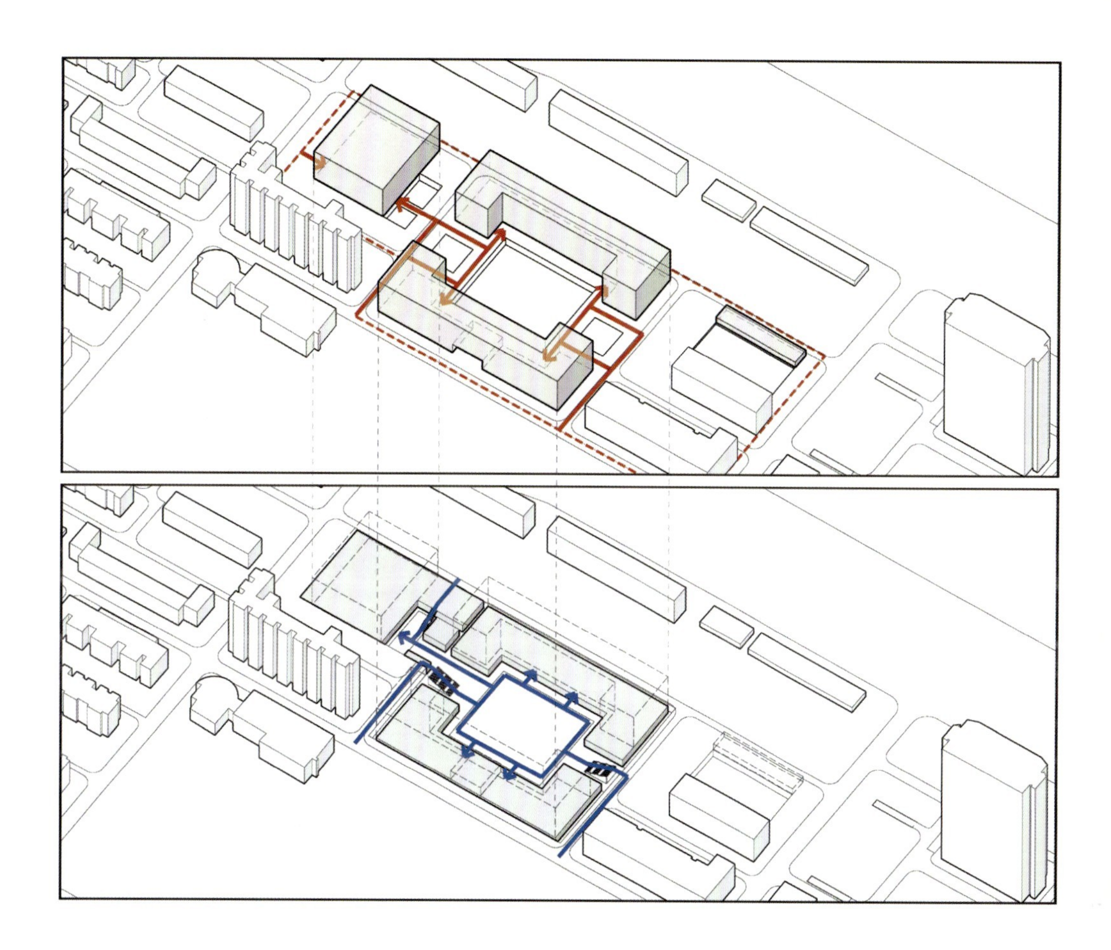

四、创建双主层交通系统

双主层实现了地下一层和首层人流的立体分流，大大缓解了地面的交通压力，减少了人流、车流交叉。

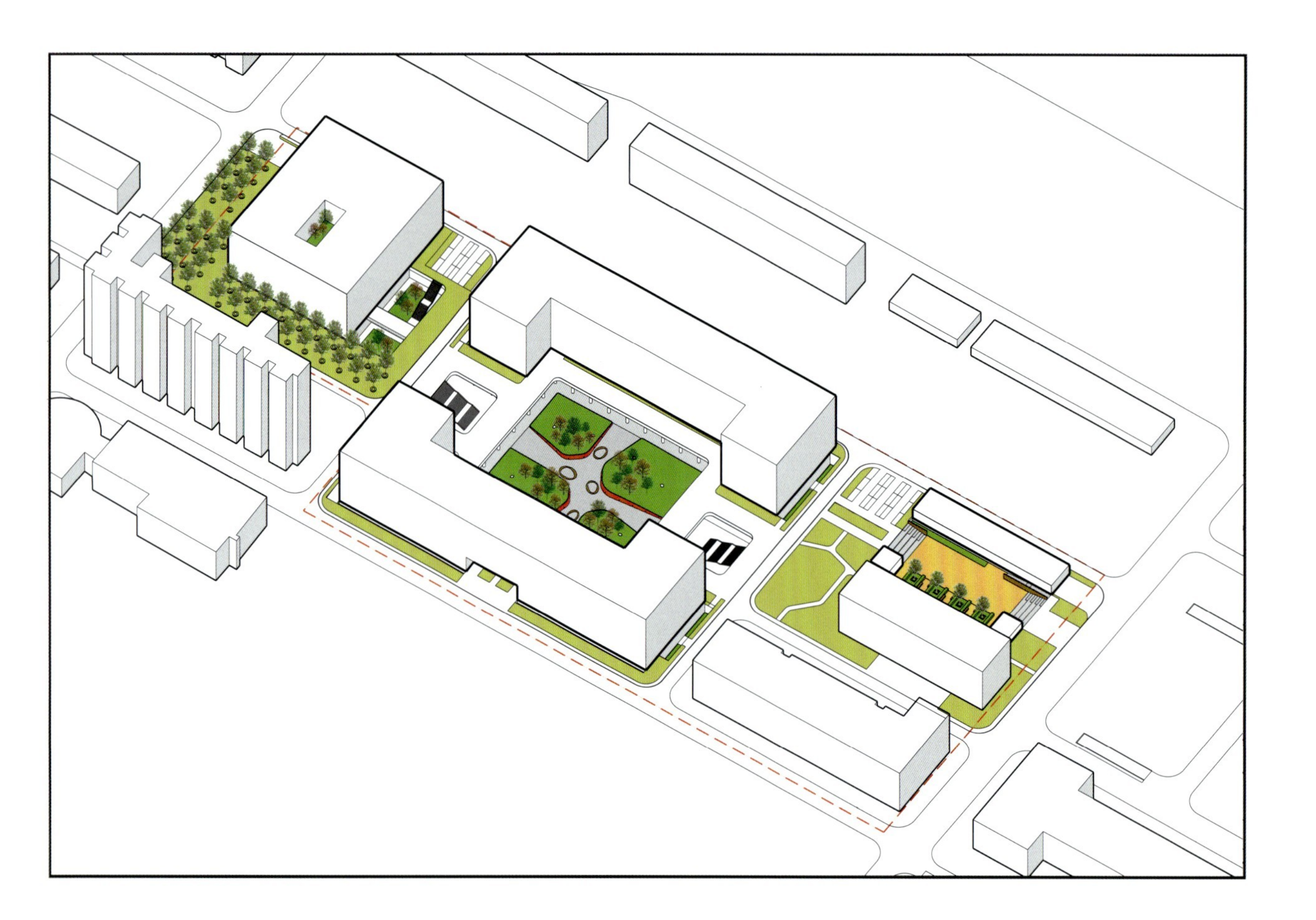

五、高度共享立体景观

提供多种性格的空间环境，营造一个高度共享又能够相互独立的立体景观系统。

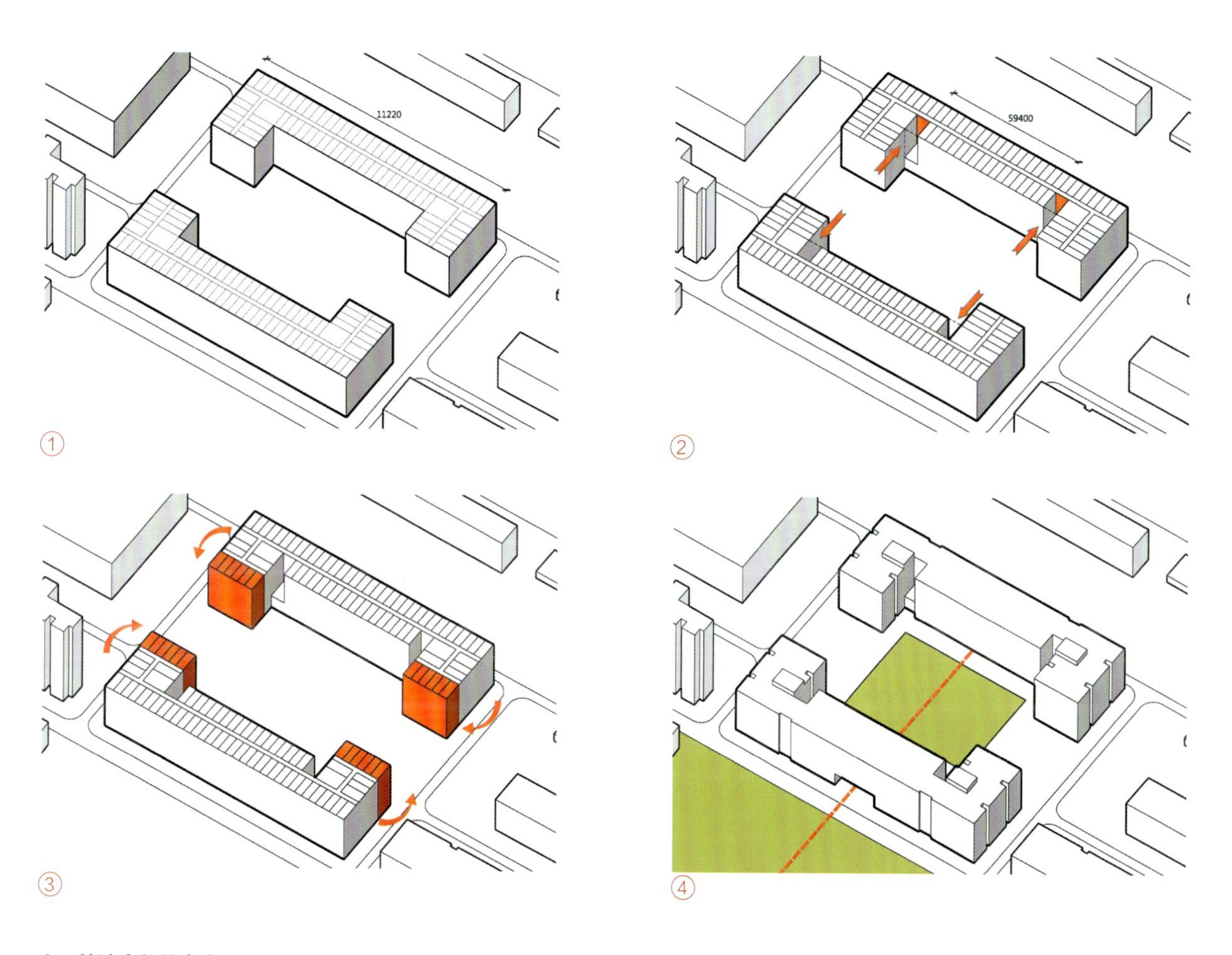

六、简洁高效的宿舍

①按照最经济的中走廊模式来布局宿舍后，走廊较长，其中段采光较差。

②走廊在两个内角处设置大窗，将自然光线引入走廊。

③走廊端部优化设计，将原东西向宿舍旋转成为南北向宿舍。

④对南立面进行处理，使宿舍内庭院与南侧绿地视线相连通，强化了校园的南北轴线。

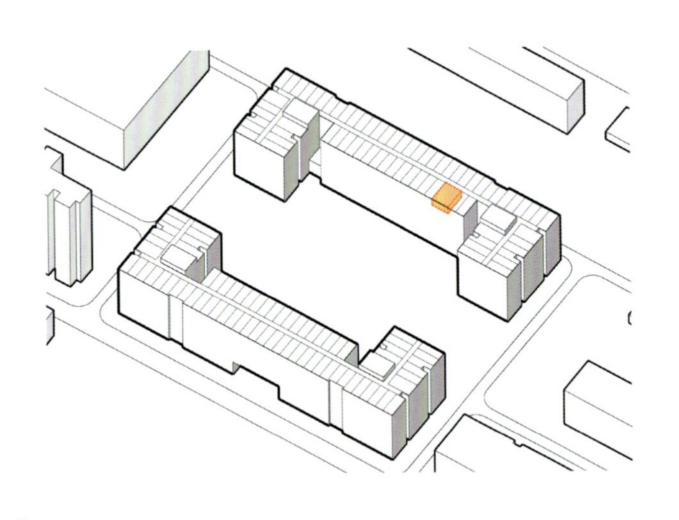

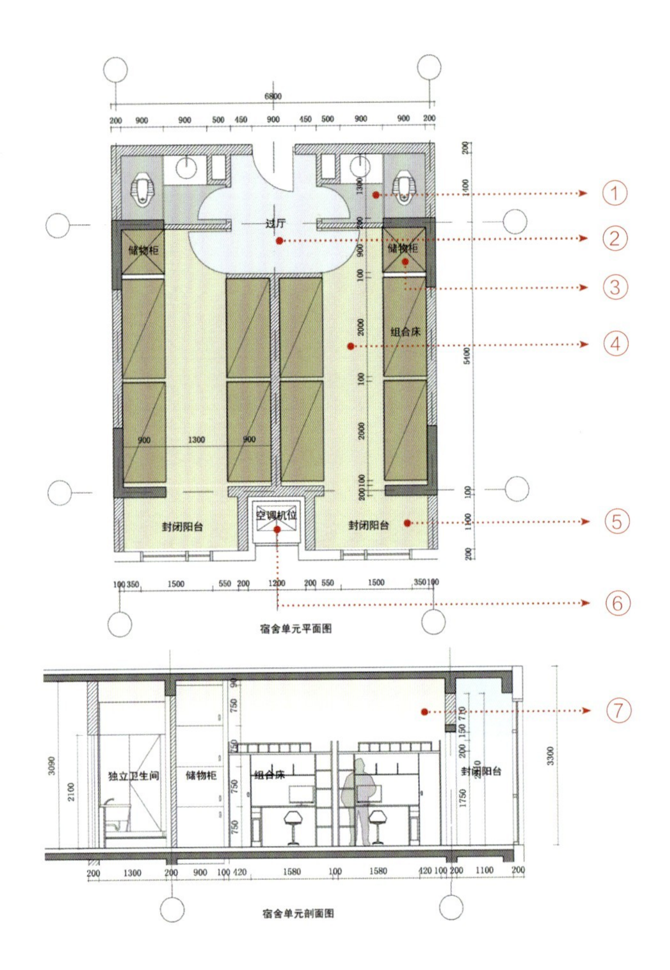

七、精细化的宿舍楼内部设计

①独立卫生间：每间宿舍设有 1 个独立卫生间，其中包含 1 个蹲便器，1 个洗手池（提供洗漱热水）。

②过厅：与卫生间结合设计，宿舍清洁人员可在不打扰学生住宿的前提下，对卫生间进行定期打扫与维护。

③储物空间：每间宿舍入口处设置一组通高储物柜，面宽 0.9 米。

④居室：宿舍组合床（含单人床、衣柜、书桌、书架）平面尺寸为 0.9 米 ×2 米，其长边方向间距规范要求 0.1 米，过道净宽应满足两人疏散宽度需要。因此，四人间学生宿舍的居室部分净尺寸应不小于 4.3 米 ×3.3 米。

⑤封闭式晾衣阳台：进深 1.1 米，满足晾衣基本需求。

⑥空调机位：阳台窗间墙处设 1.2 米 ×0.9 米的空调室外机位，竖向可排布 2 个室外机，供左右两间宿舍使用。

⑦宿舍净高：宿舍组合床上铺高度控制在 1.75 米，因此宿舍室内净高应为 2.8~3.1 米。

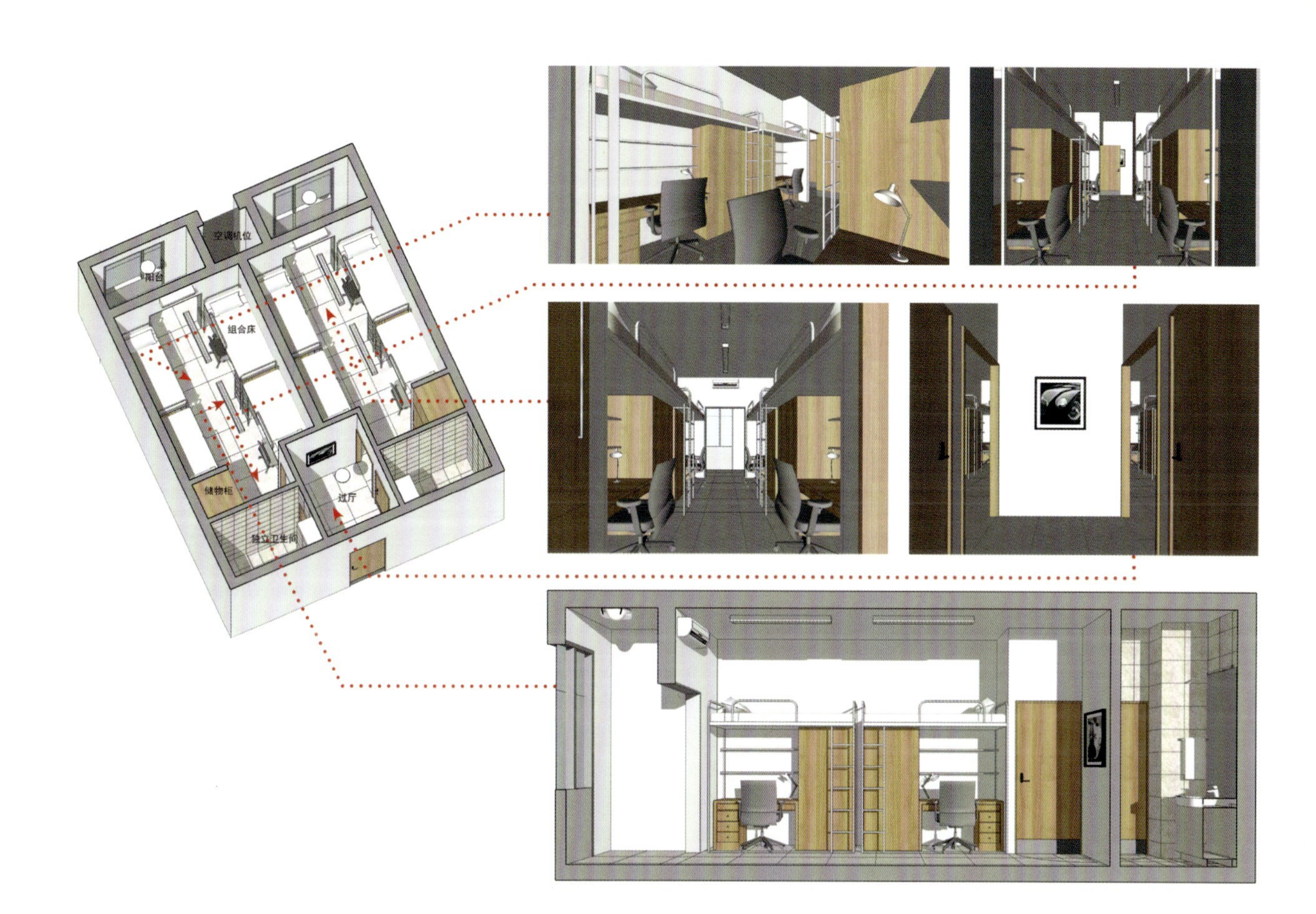

空调机位
阳台
组合床
储物柜
过厅
独立卫生间

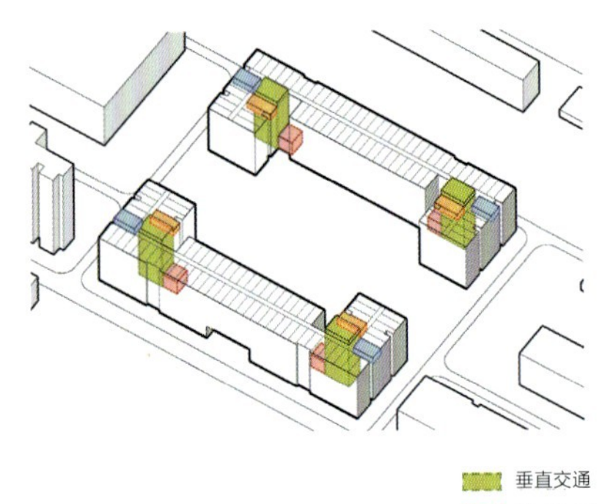

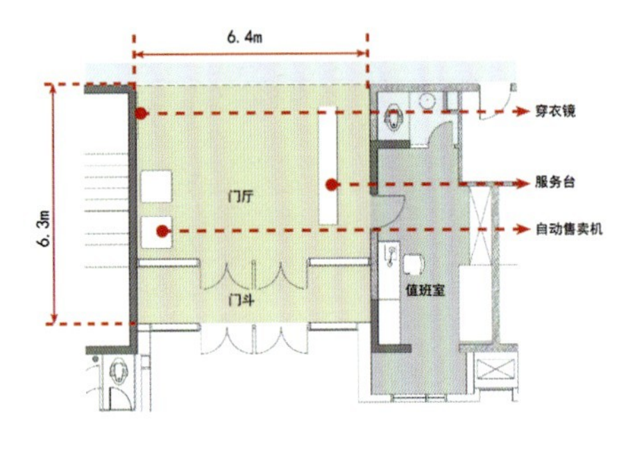

门厅：在每栋宿舍楼东西两侧分别设置两层通高的入口门厅，考虑北方冬季寒冷，在入口处增设门斗。在门厅内布置自动售卖机、穿衣镜、服务台等设施，满足学生日常生活需要。

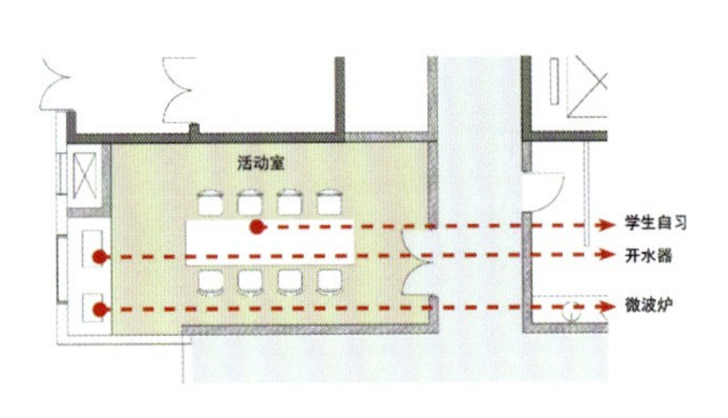

活动室：宿舍楼每层在东西两侧设置可提供24 小时自习的公共活动室，考虑学生饮水与饮食加热的需要，在活动室增设开水器和微波炉。

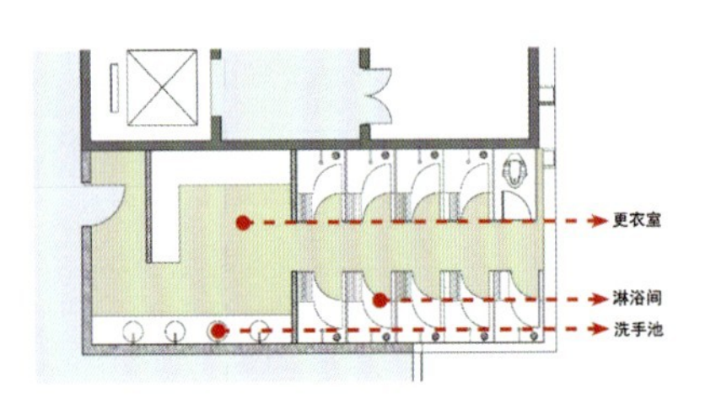

淋浴间：宿舍楼每层在东西两侧设置公共淋浴间。淋浴间热水主要由太阳能光热系统提供，空气源热泵补热。

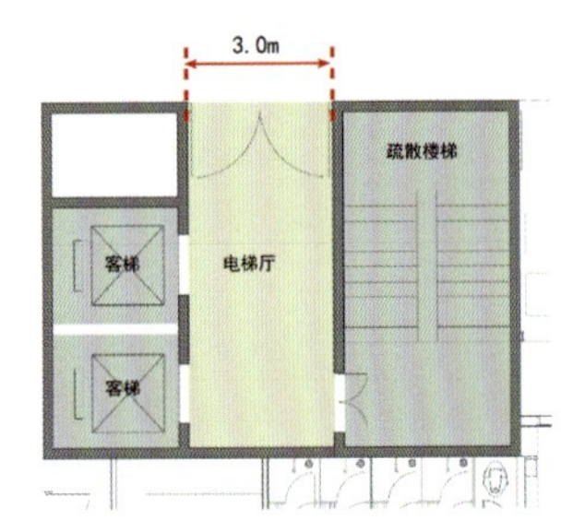

垂直交通：每栋宿舍楼在临近入口处分别设置了一组电梯，共 4 部电梯。结合每组电梯设置一部楼梯，在保证人员疏散的情况下，达到经济合理的目的。

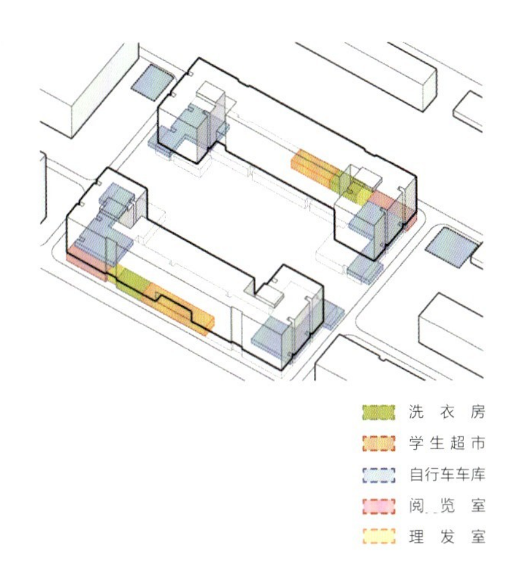

在宿舍楼下统一设置洗衣房、学生超市、阅览室、理发室、自行车车库等配套服务功能，解决学生日常生活需要。

学生超市

洗衣房

理发室

阅览室

自行车车库

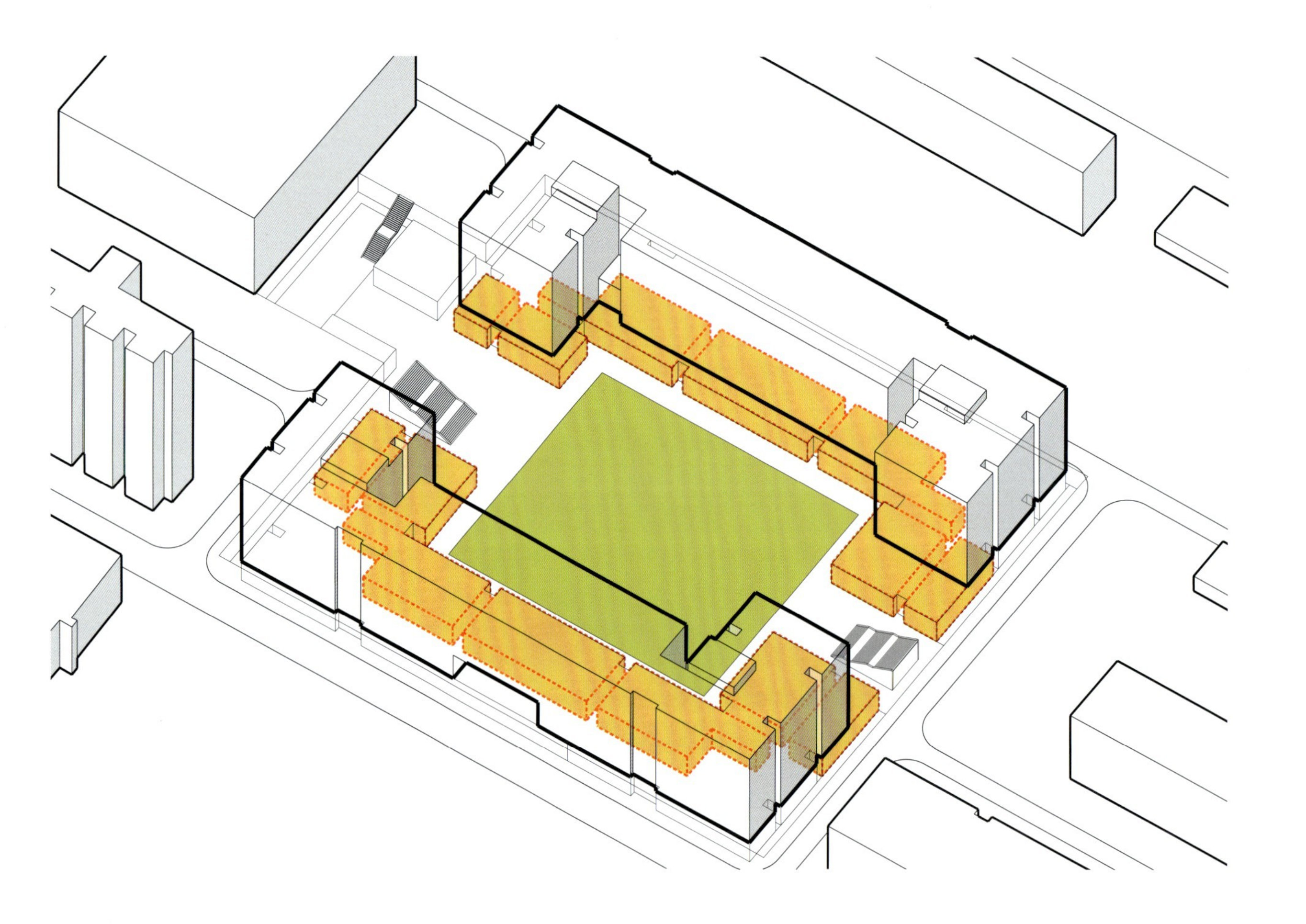

八、以下沉庭院为中心的大学生创新创业中心

大学生创新创业中心面积约6200平方米，位于宿舍楼地下1层，围绕下沉庭院布置，具有极佳的景观和空间品质。整体采用模数化设计，立面等距预留室外机位，平面可以灵活分割布置，可容纳学生创业用房、社团活动用房、咖啡厅等多种功能空间。

在流线组织上，庭院东西两侧的大楼梯是本区域的主要出入口。内部走廊、东西侧窗井和下沉庭院相互联系，且与西侧的食堂地下庭院相连通。

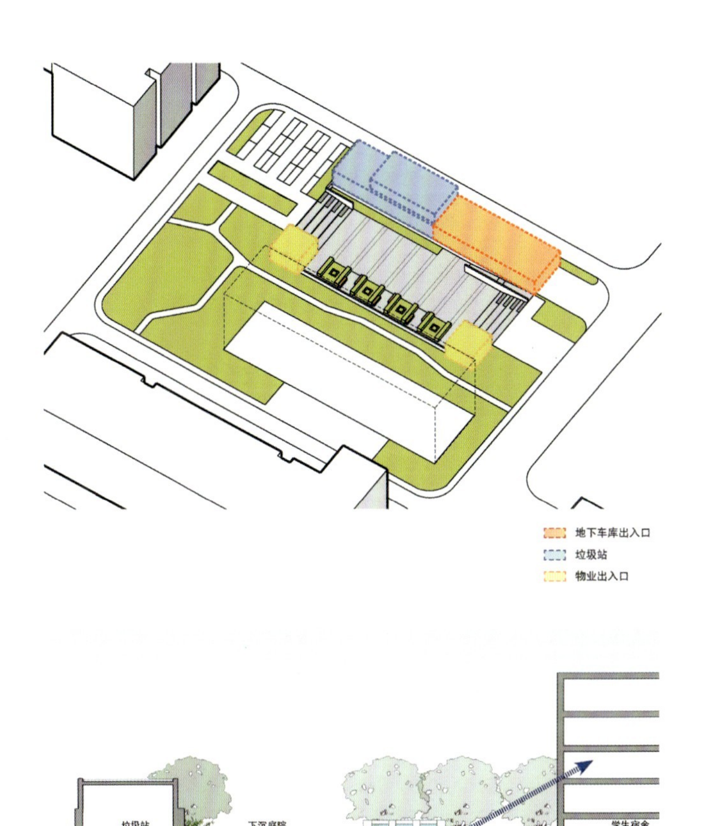

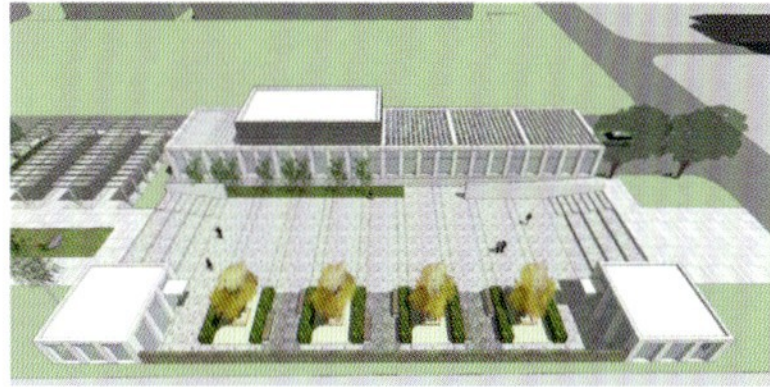

九、其他相关功能区设计

垃圾站：位于用地最东侧，站内由 2 层通高的作业区和 1 层高的配套区组成，出入口位于北侧，视线和流线上均与其他功能分开。

物业：物业区位于宿舍东侧的地下部分。

地下车库：宿舍地下车库位于地下 2~4 层，与食堂地下车库统一规划，最多停车数为 990 辆。停车人员可从专用交通通道到达宿舍首层外侧。场地内共设 2 组汽车出入口，均为双车道。西出入口位于食堂首层，东出入口位于用地最东侧。

结合下沉景观统一设计：用地东侧的垃圾站、物业出入口和地下车库出入口，在造型上统一设计，并构建了一个尺度宜人的下沉景观，与周边环境相对独立。

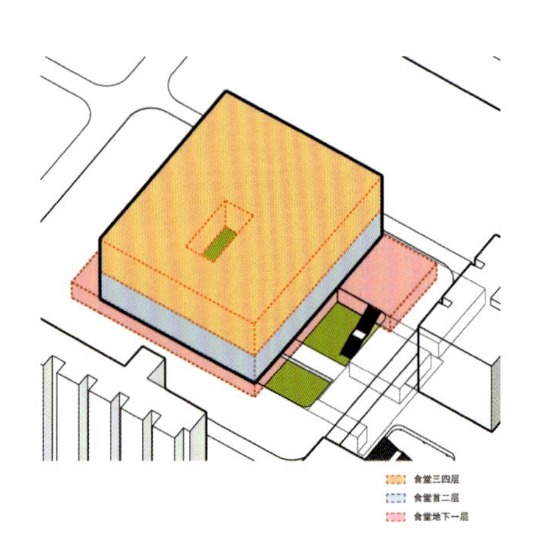

十、学生食堂设计

3~4 层（美食广场）：由自助餐区和厨房组成，用餐区围绕一个室外庭院布置，获得了更好的采光和景观，布局较为灵活。

1~2 层（常规食堂）：1 层主要功能为大伙和早餐，2 层主要功能为风味餐厅和小炒，用餐区位于南侧。学生入口位于用餐区东西两侧，并由南侧的交通空间联系各层用餐区。

地下 1 层（美食广场）：由自助餐区和厨房组成。用餐区东侧为食堂下沉庭院，与宿舍下沉庭院相连通。朝向下沉庭院设置食堂的又一主入口。

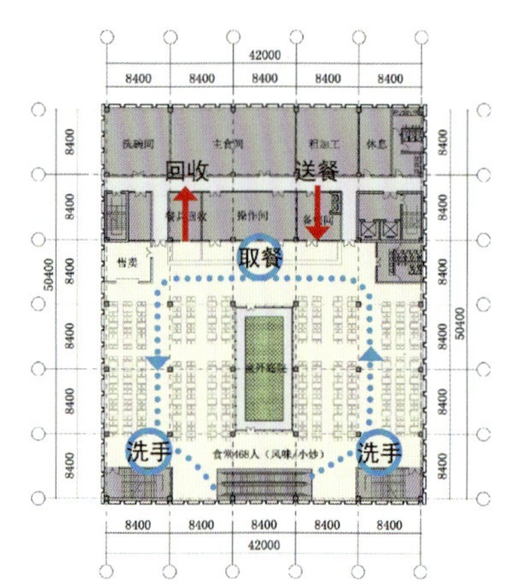

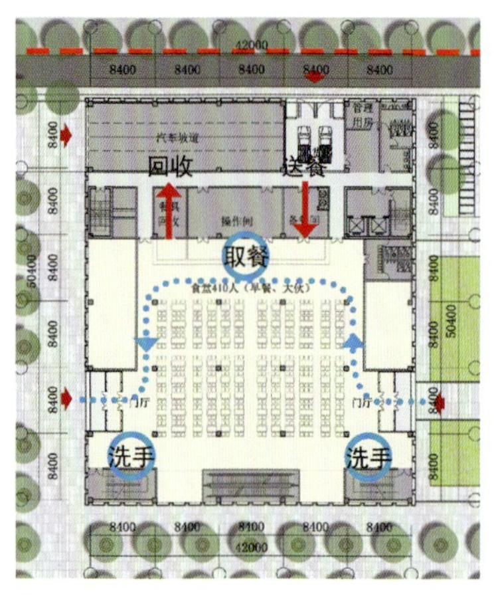

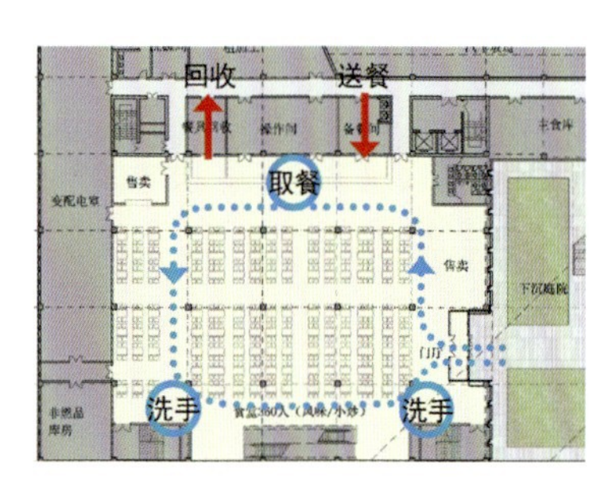

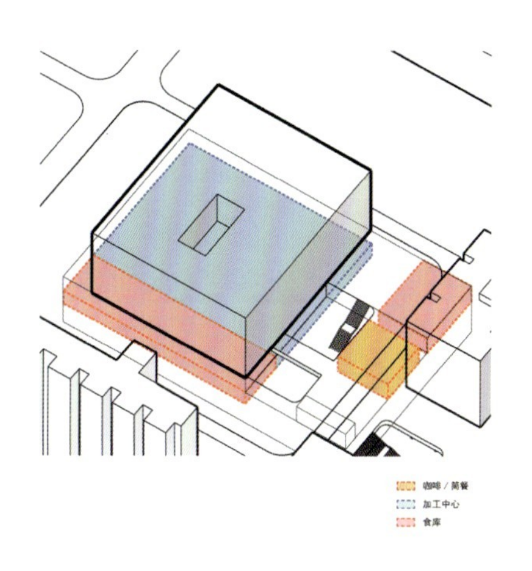

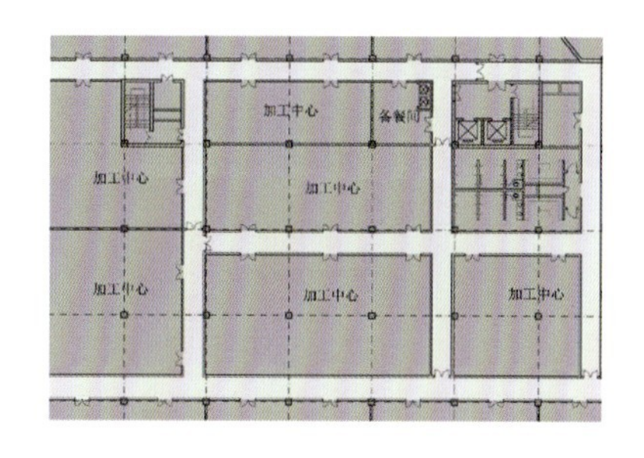

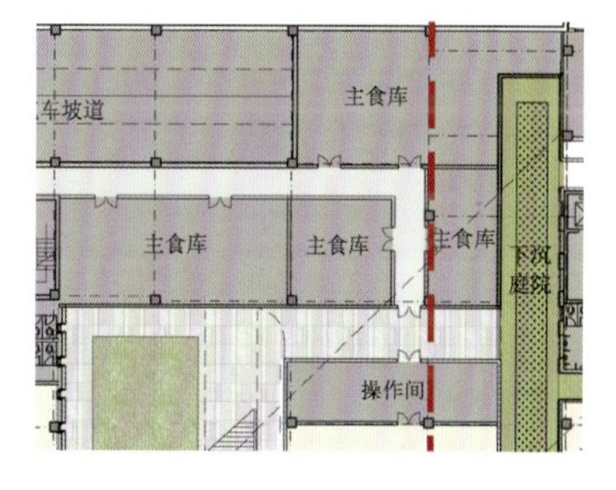

加工中心：加工中心设置在食堂的地下 2 层，主要加工米饭、包子、饺子等主食。加工中心的进货与上层食堂共用一个货梯，加工后的成品可由内部食梯运往楼上各层食堂，也可以从东侧坡道由车运往校园各处。

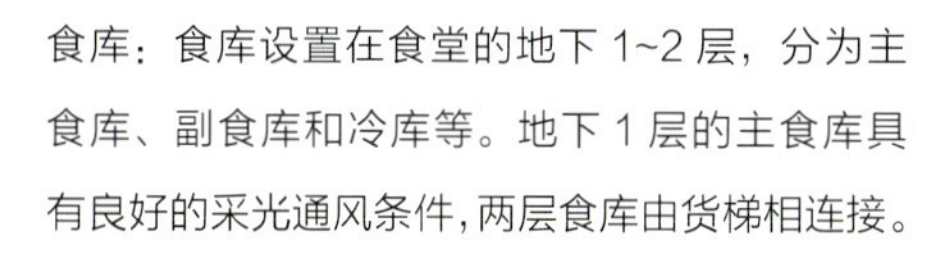

食库：食库设置在食堂的地下 1~2 层，分为主食库、副食库和冷库等。地下 1 层的主食库具有良好的采光通风条件，两层食库由货梯相连接。

配套服务区：配套服务区设置在食堂的地下 1 层下沉庭院东侧，具有极佳的采光和通风条件，该下沉庭院与宿舍的大学生创新创业中心相连通，可以布置咖啡厅、简餐店、学生活动中心等。

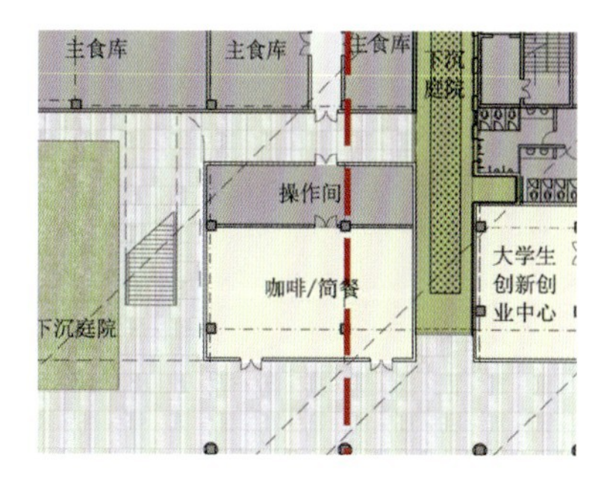

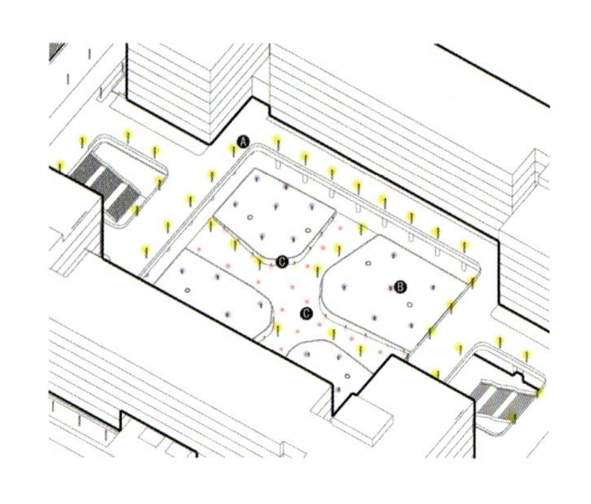

十一、夜景照明设计

夜景照明设计方案结合功能性照明、氛围性照明、装饰性照明等方式，为宿舍、食堂营造了温暖、安逸的氛围。

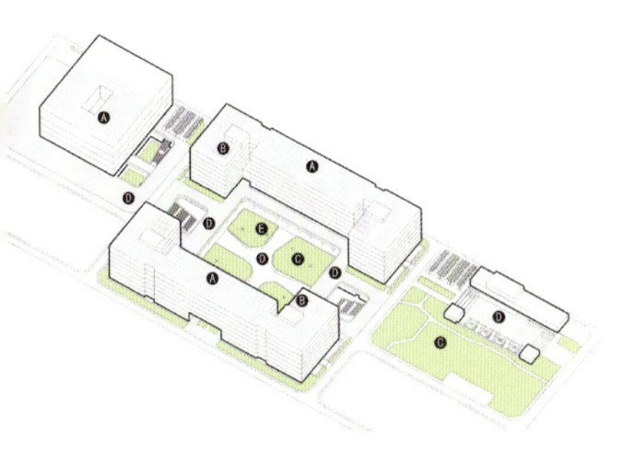

十二、绿色低碳设计

太阳能集热器：建筑屋面设置太阳能光热系统，收集并转换太阳能，为室内提供生活热水和部分采暖热能。

空气源热泵：学生宿舍屋顶设置空气源热泵，能够高效率地收集空气中的低温热量，提供生活热水和部分采暖热能。

屋顶绿化：建筑屋顶设置绿化，形成丰富的绿化空间，在为学生提供优越的屋顶户外活动平台的同时，提升建筑的隔热性能，从而有效降低建筑的使用能耗。

场地雨水回收：场地设计采用可透水界面处理，以利于雨水收集和雨洪调蓄。

导光筒：下沉庭院内部设置若干导光筒，为地下停车库提供自然采光。

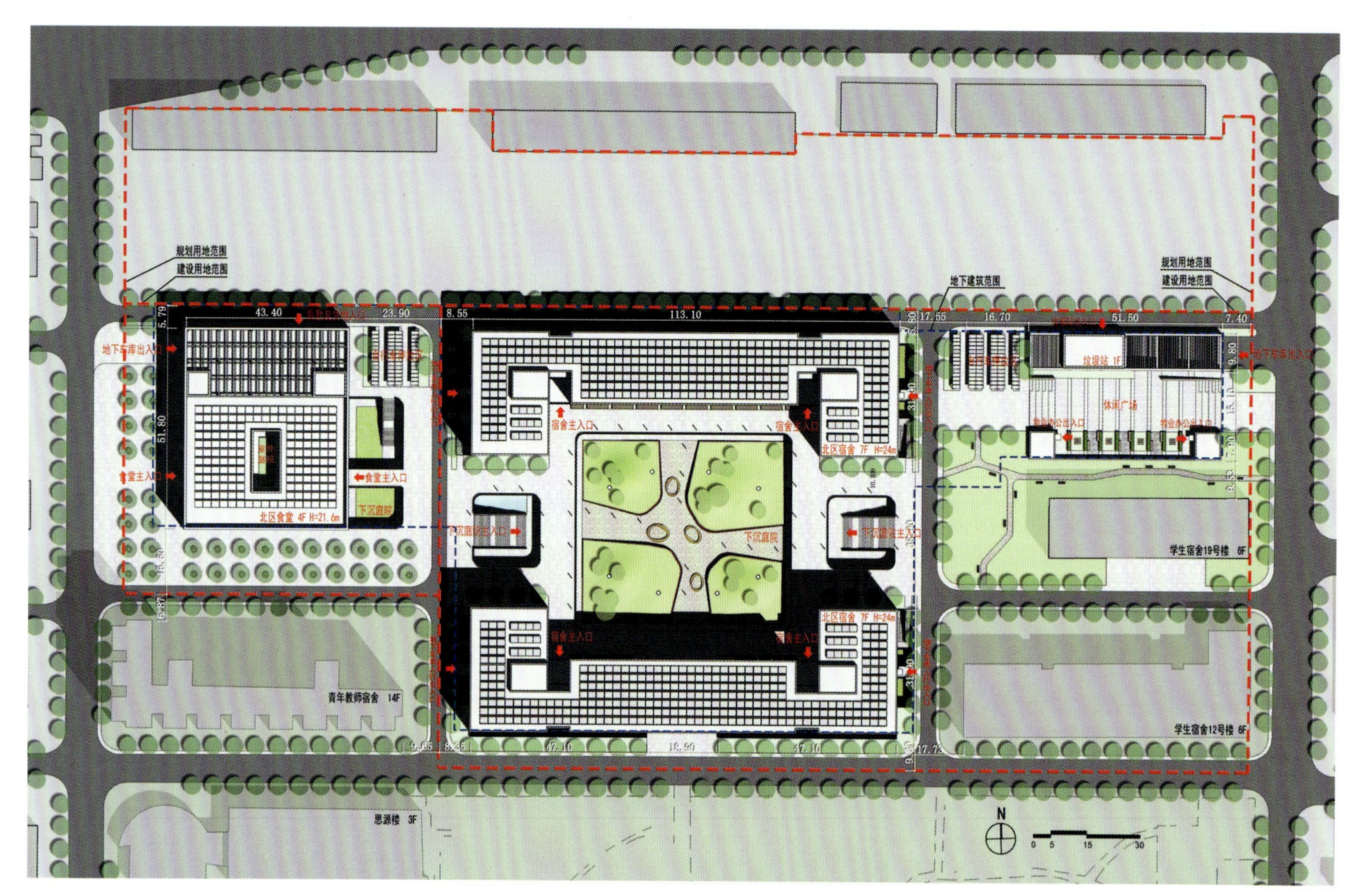
规划用地范围
建设用地范围
地下建筑范围
地下车库出入口
食堂主入口
北区食堂 4F H=21.6m
下沉庭院
宿舍主入口
北区宿舍 7F H=24m
下沉庭院主入口
垃圾站 1F
休闲广场
学生宿舍19号楼 6F
青年教师宿舍 14F
学生宿舍12号楼 6F
思源楼 3F
N
总平面图

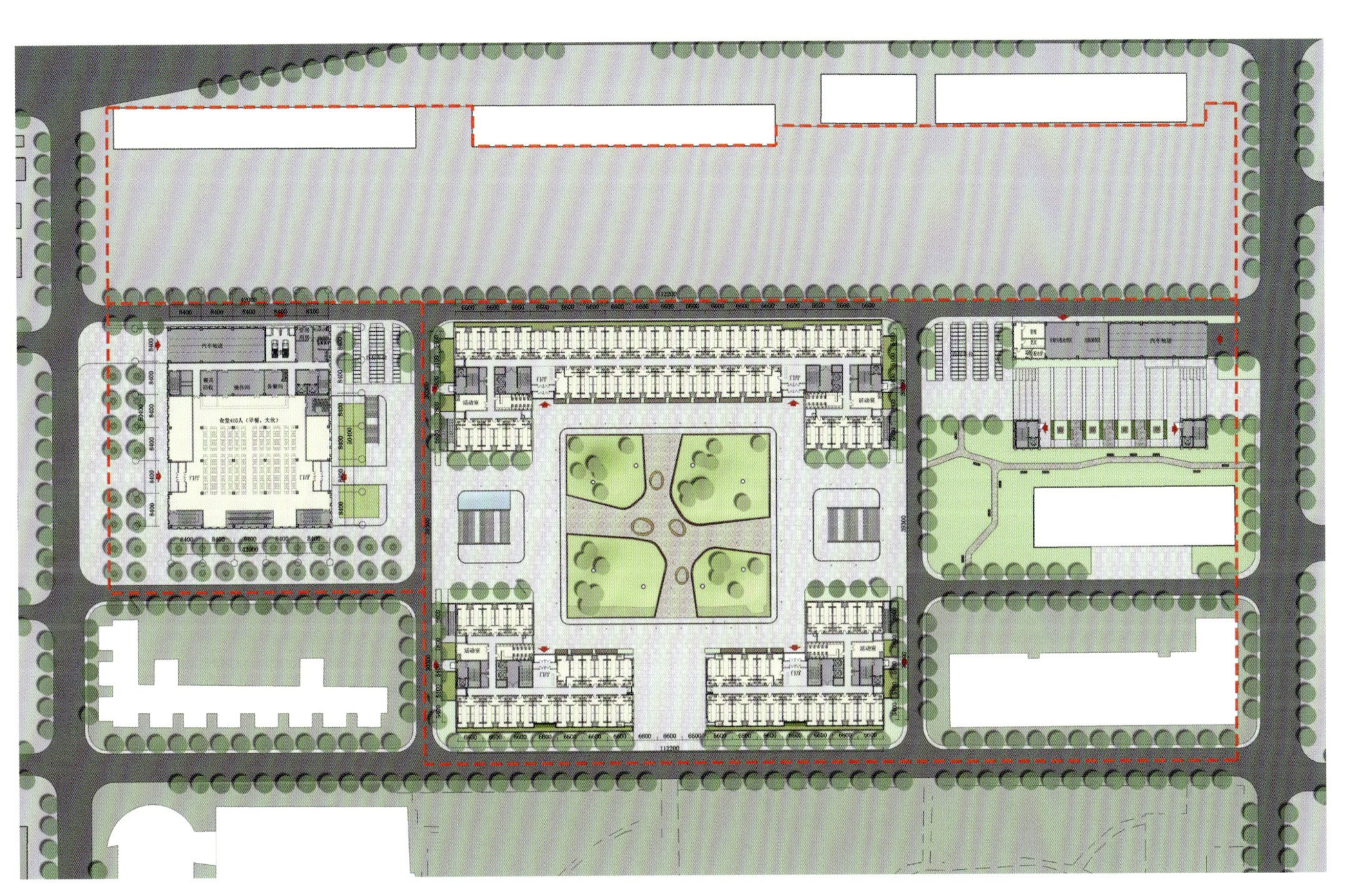

首层组合平面图

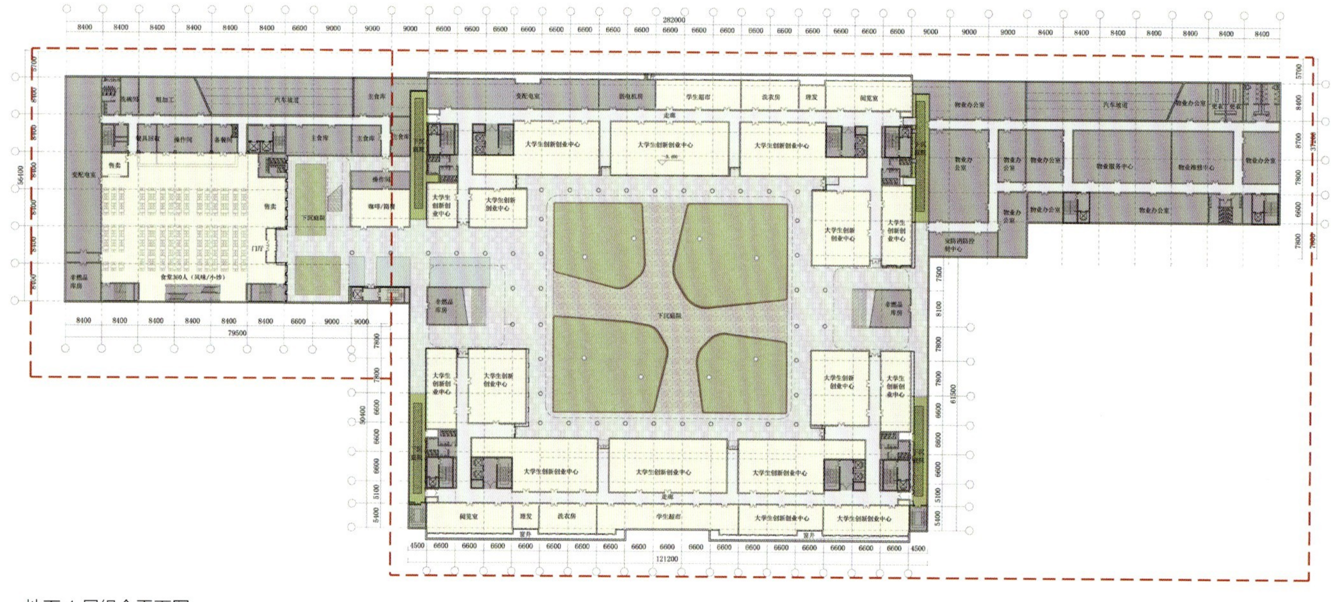

地下 1 层组合平面图

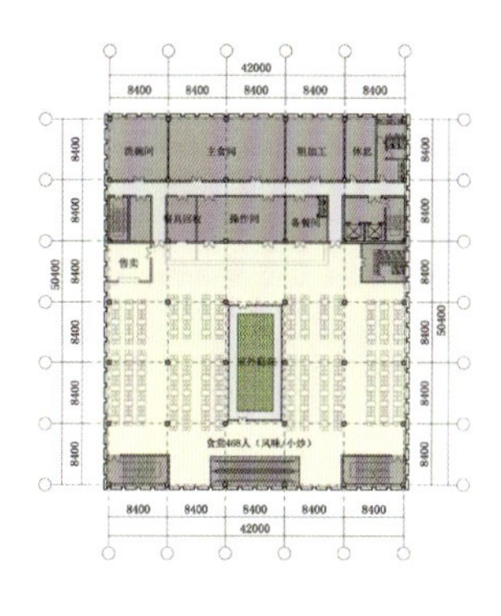
42000
8400
主食间
粗加工
操作间
备餐间
售卖
食堂468人（风味/小炒）
50400

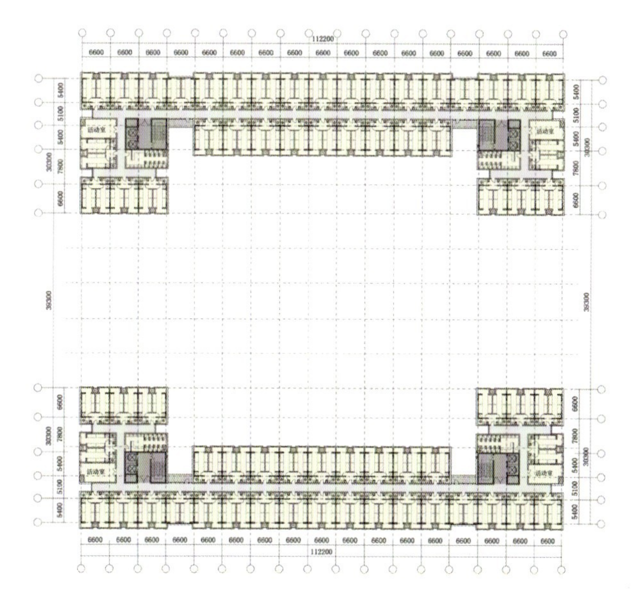
112200
6600
5400
5100
7800
30300
39300
活动室

标准层组合平面图

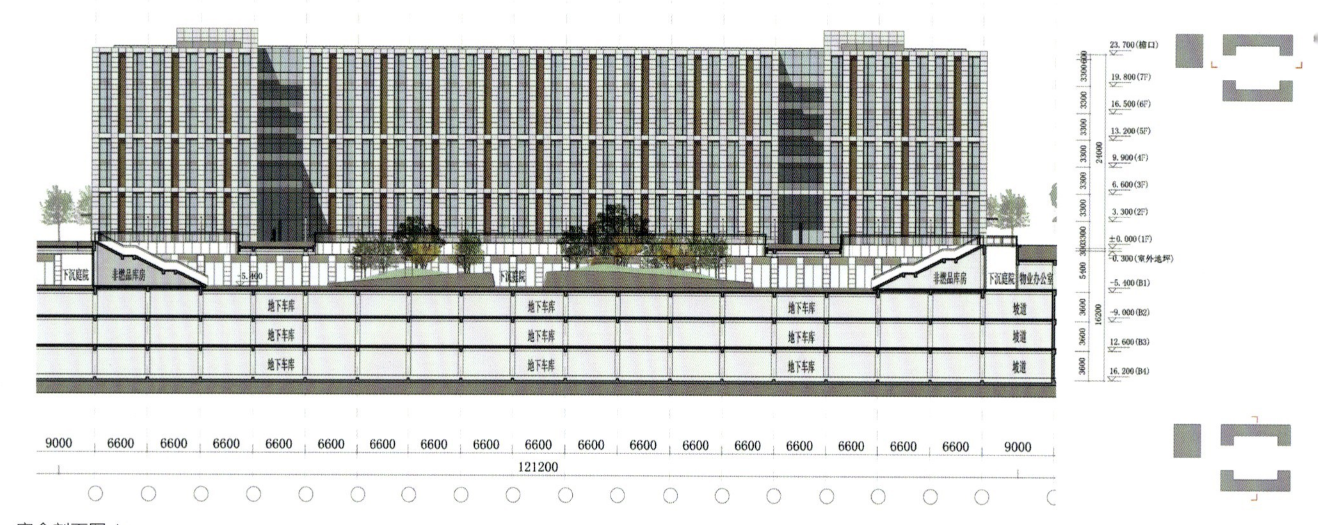

宿舍剖面图 1

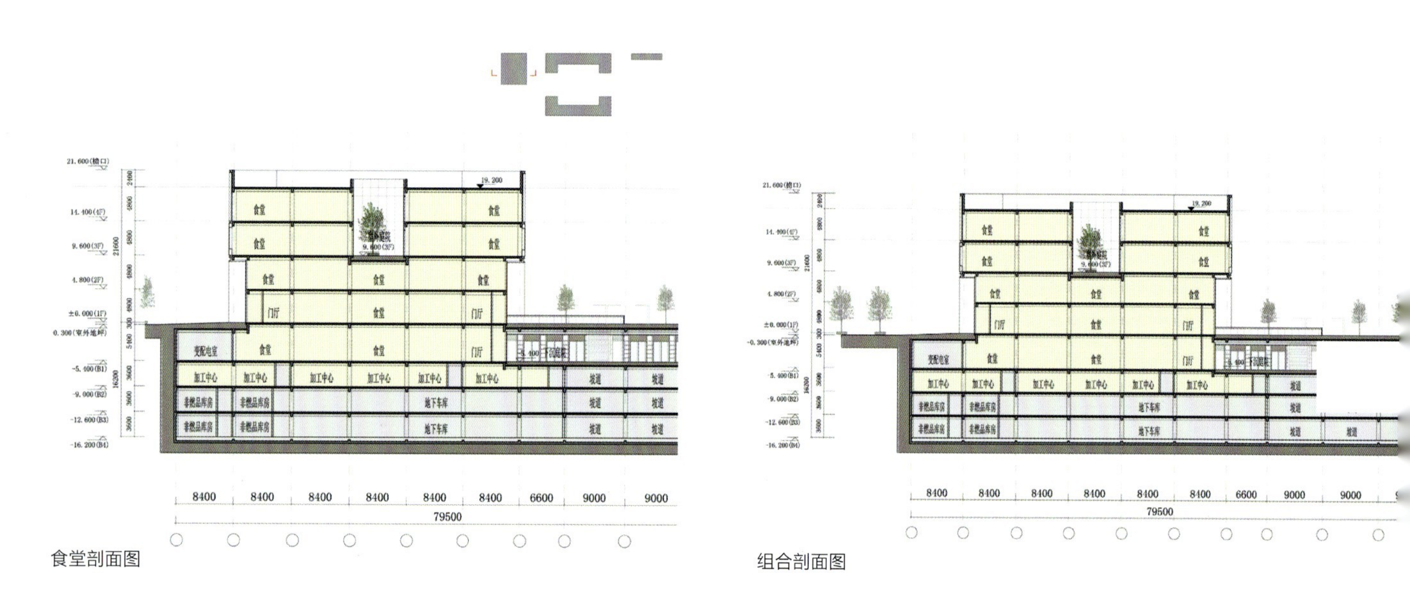

食堂剖面图

组合剖面图

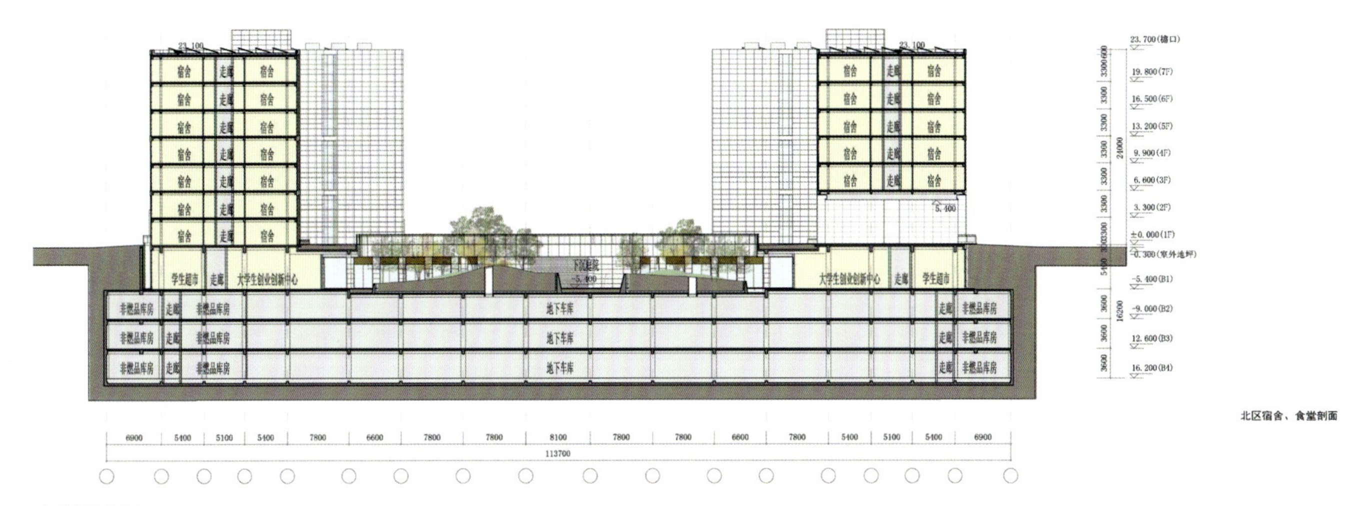

宿舍
走廊
学生超市
大学生创业创新中心
下沉庭院
非燃品库房
地下车库
23.700(檐口)
19.800(7F)
16.500(6F)
13.200(5F)
9.900(4F)
6.600(3F)
3.300(2F)
±0.000(1F)
-0.300(室外地坪)
-5.400(B1)
-9.000(B2)
12.600(B3)
16.200(B4)
北区宿舍、食堂剖面
6900 5400 5100 5400 7800 6600 7800 7800 8100 7800 7800 6600 7800 5400 5100 5400 6900
113700

宿舍剖面图 2

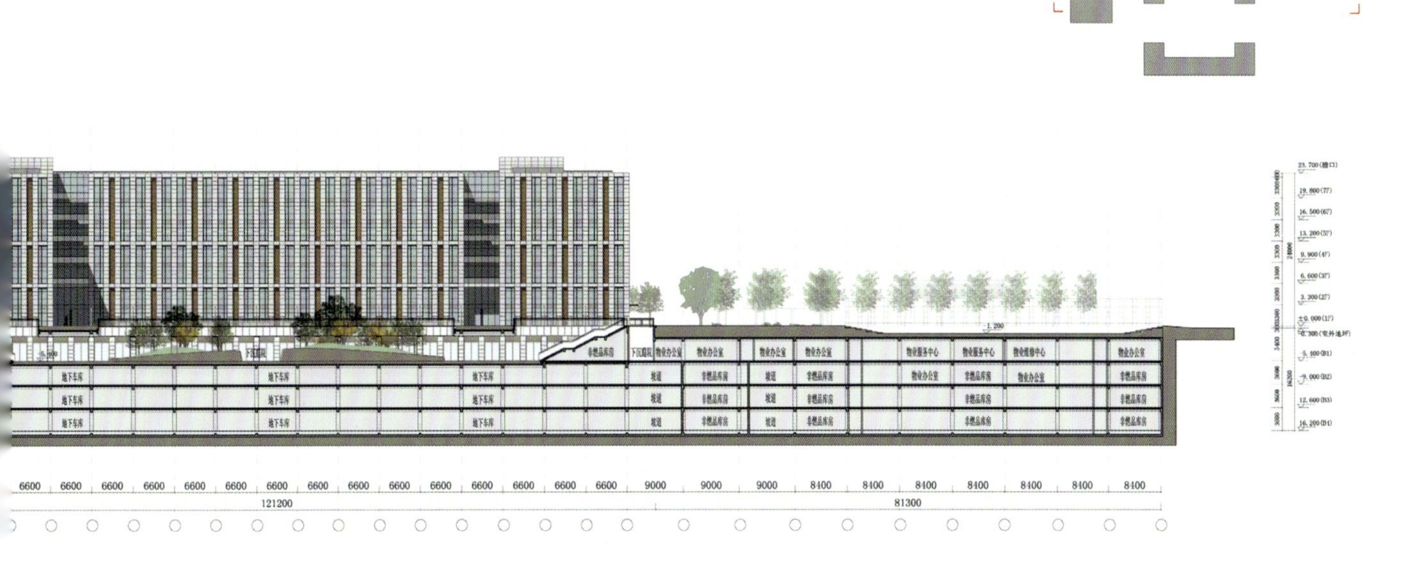

地下车库
下沉庭院
非燃品库房
物业办公室
坡道
物业服务中心
物业维修中心
6600 6600 6600 6600 6600 6600 6600 6600 6600 6600 6600 6600 6600 6600 6600 9000 9000 9000 8400 8400 8400 8400 8400 8400 8400
121200
81300

工程档案

工程设计阶段

2016 年 8 月—2017 年 6 月

东南鸟瞰图

宿舍透视图

堂透视图

场地西南鸟瞰图

方案西南鸟瞰图

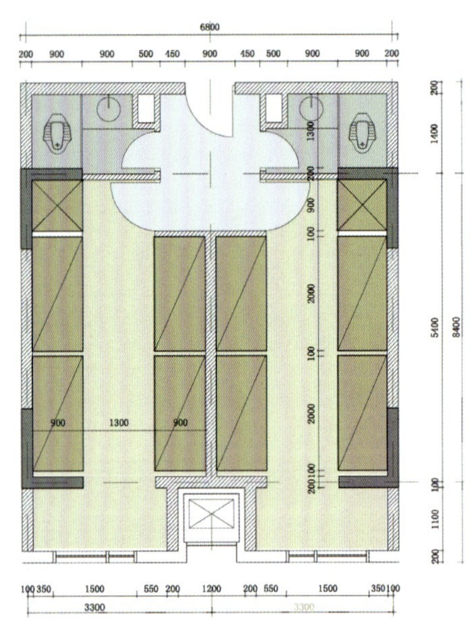

投标阶段方案平面

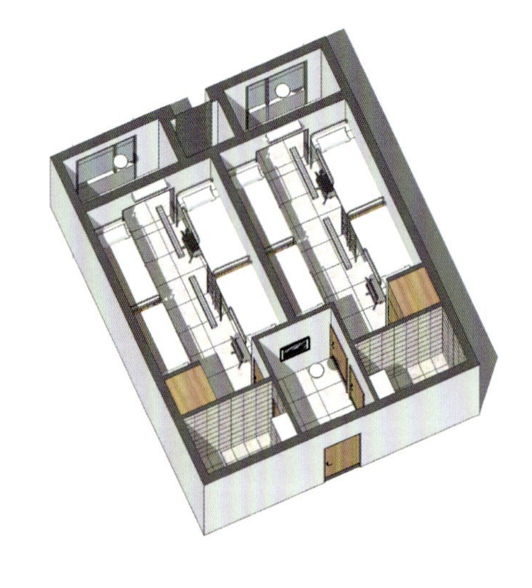

投标阶段方案轴侧

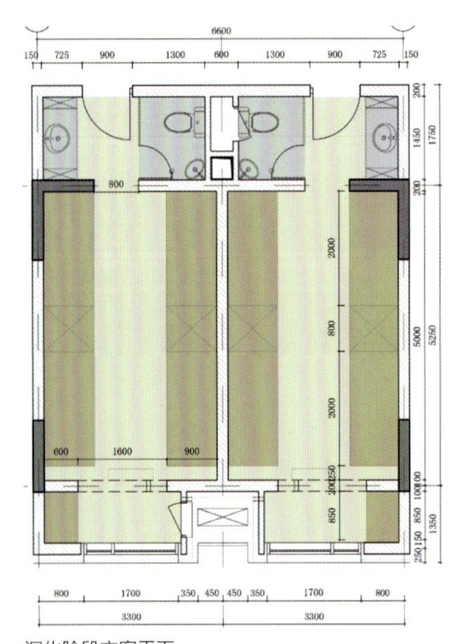

深化阶段方案平面

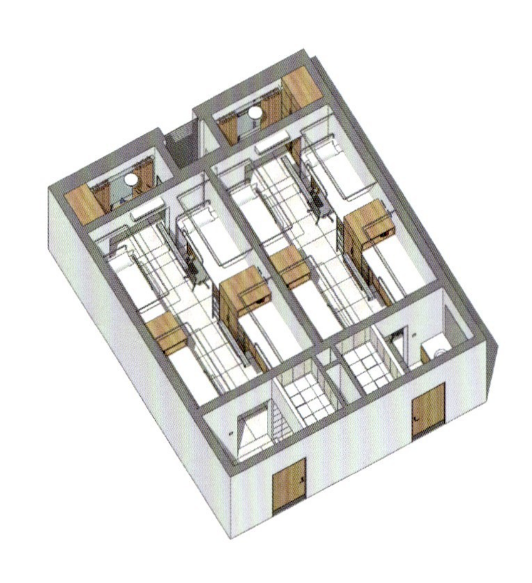

深化阶段方案轴侧

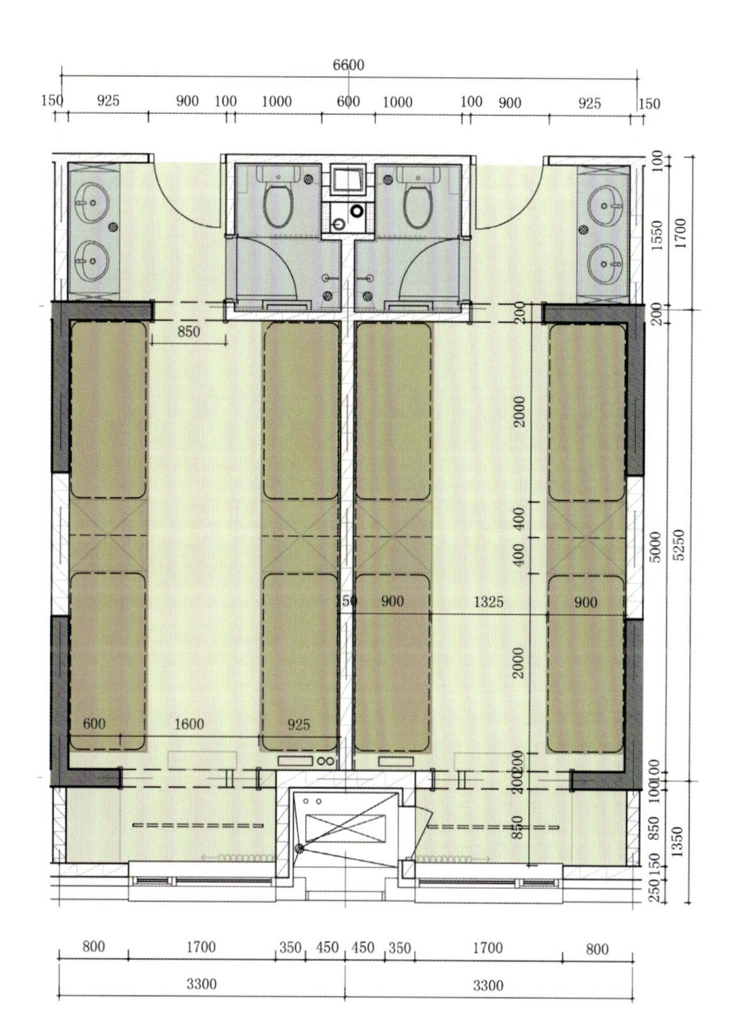

最终实施阶段方案平面

宿舍户型的设计经历了多次的论证，最终逐渐演变为目前的户型平面。方案平面为宿舍集中设置淋浴间，每两个单元共用一个过厅，过厅为公共区，两个单元可以共同使用卫生间，并且方便保洁人员对宿舍卫生间进行打扫。在过程方案中，宿舍内设置手盆、坐便、淋浴器三件套，且手盆独立，干湿分区。最终实施方案中，在上一版方案的基础上优化了管井尺寸、手盆数量。

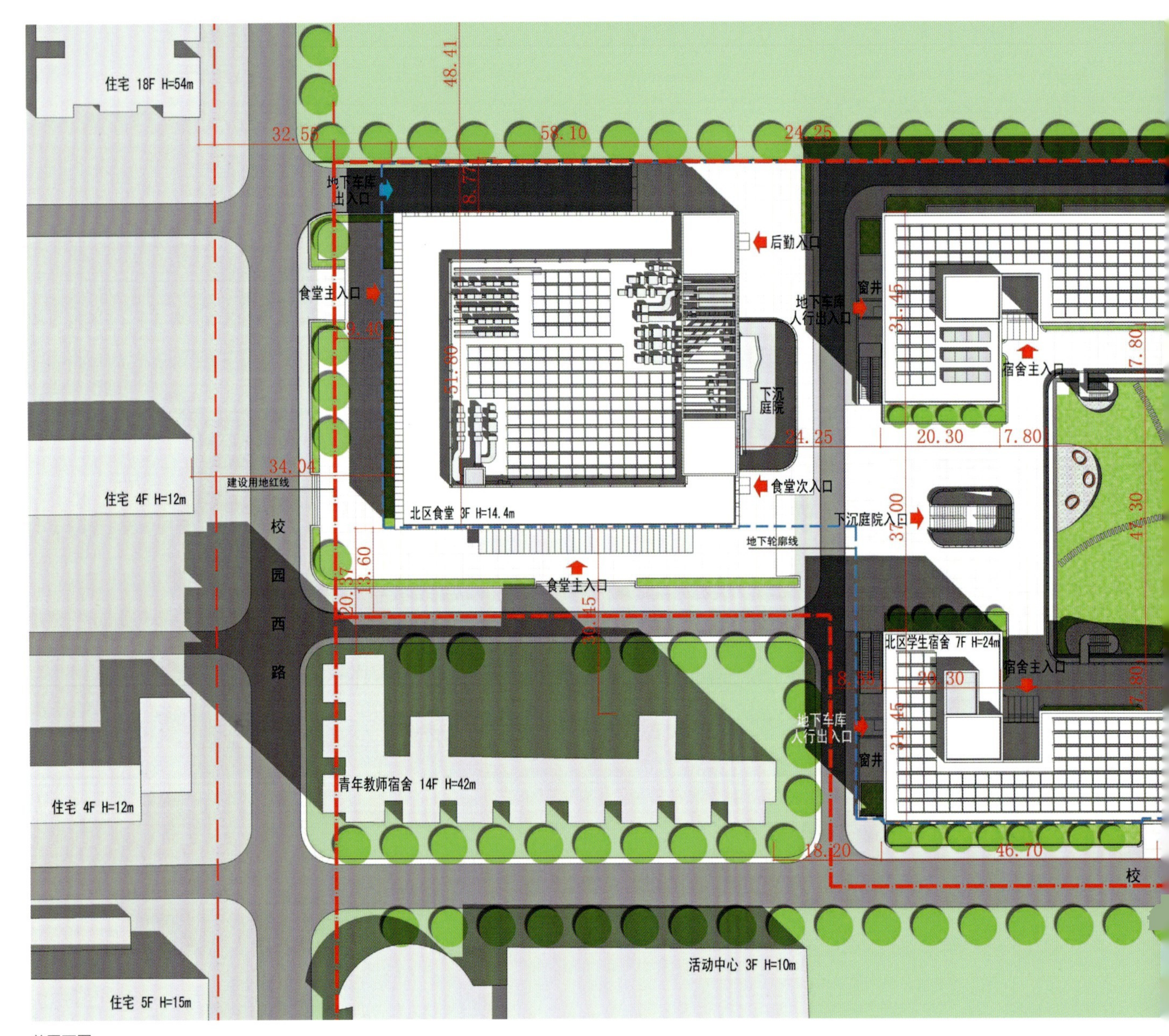
住宅 18F H=54m
48.41
32.55
58.10
24.25
地下车库出入口
8.77
后勤入口
食堂主入口
9.40
51.80
窗井
地下车库人行出入口
31.45
宿舍主入口
7.80
下沉庭院
24.25
20.30
7.80
34.04
建设用地红线
住宅 4F H=12m
食堂次入口
下沉庭院入口
37.00
41.30
北区食堂 3F H=14.4m
地下轮廓线
校
园
西
路
13.60
20.37
食堂主入口
30.45
北区学生宿舍 7F H=24m
宿舍主入口
8.55
20.30
7.80
地下车库人行出入口
31.45
窗井
青年教师宿舍 14F H=42m
住宅 4F H=12m
18.20
46.70
校
活动中心 3F H=10m
住宅 5F H=15m

总平面图

后勤出入口
地下车库
出入口
自行车
停放区
垃圾站
1F H=9m
窗井
物业用房
1F H=4.8m
物业出入口
物业出入口
地下轮廓线
窗井
地下车库
人行出入口
宿舍主入口
北区学生宿舍 7F H=24m
下沉庭院入口
学生集体宿舍19号楼 6F H=18m
校
园
东
路
宿舍主入口
地下车库
人行出入口
窗井
建设用地红线
学生集体宿舍12号楼 6F H=18m
教学楼 4F H=16m
路
绿地
N
0m 5 15 30 60

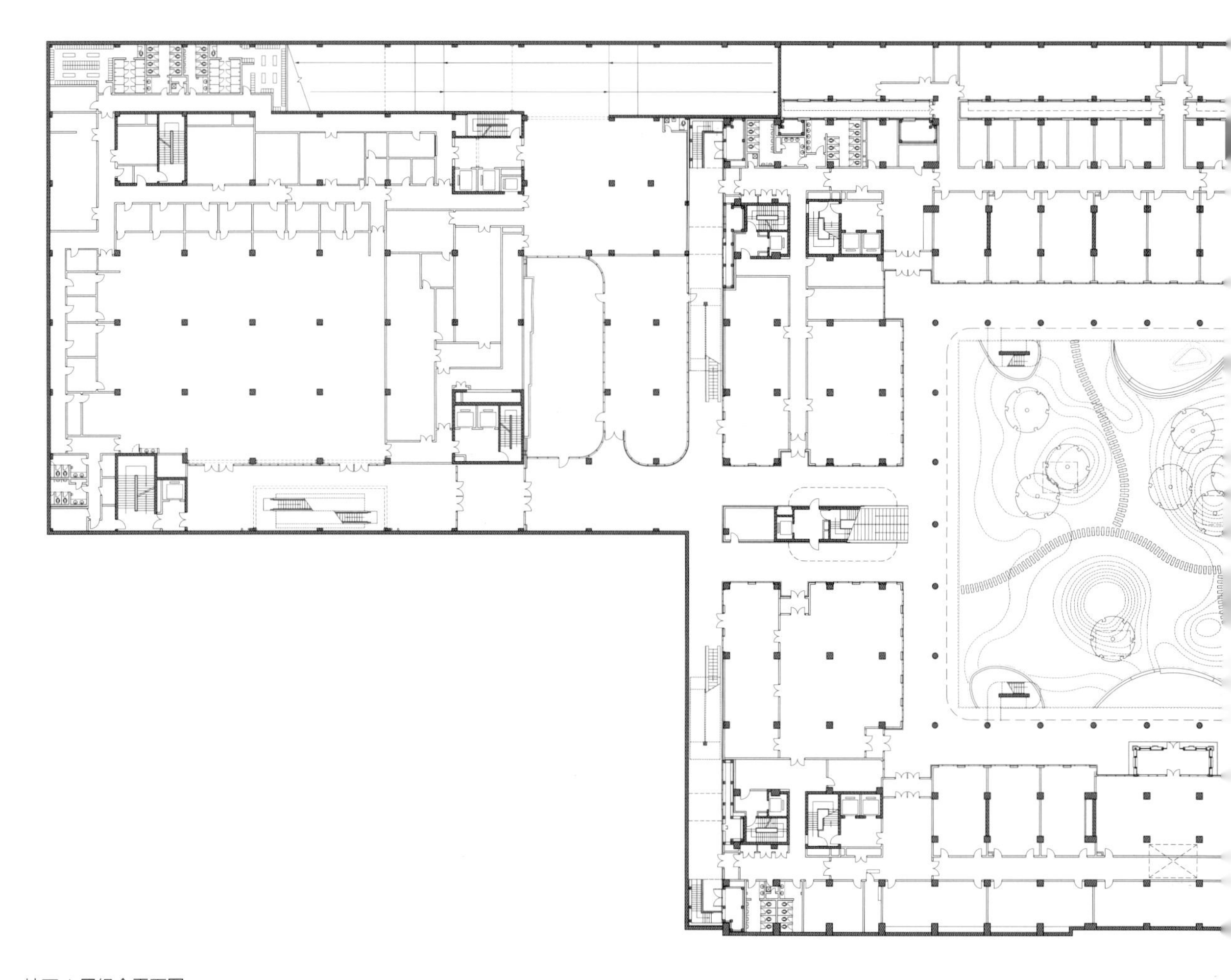

地下 1 层组合平面图

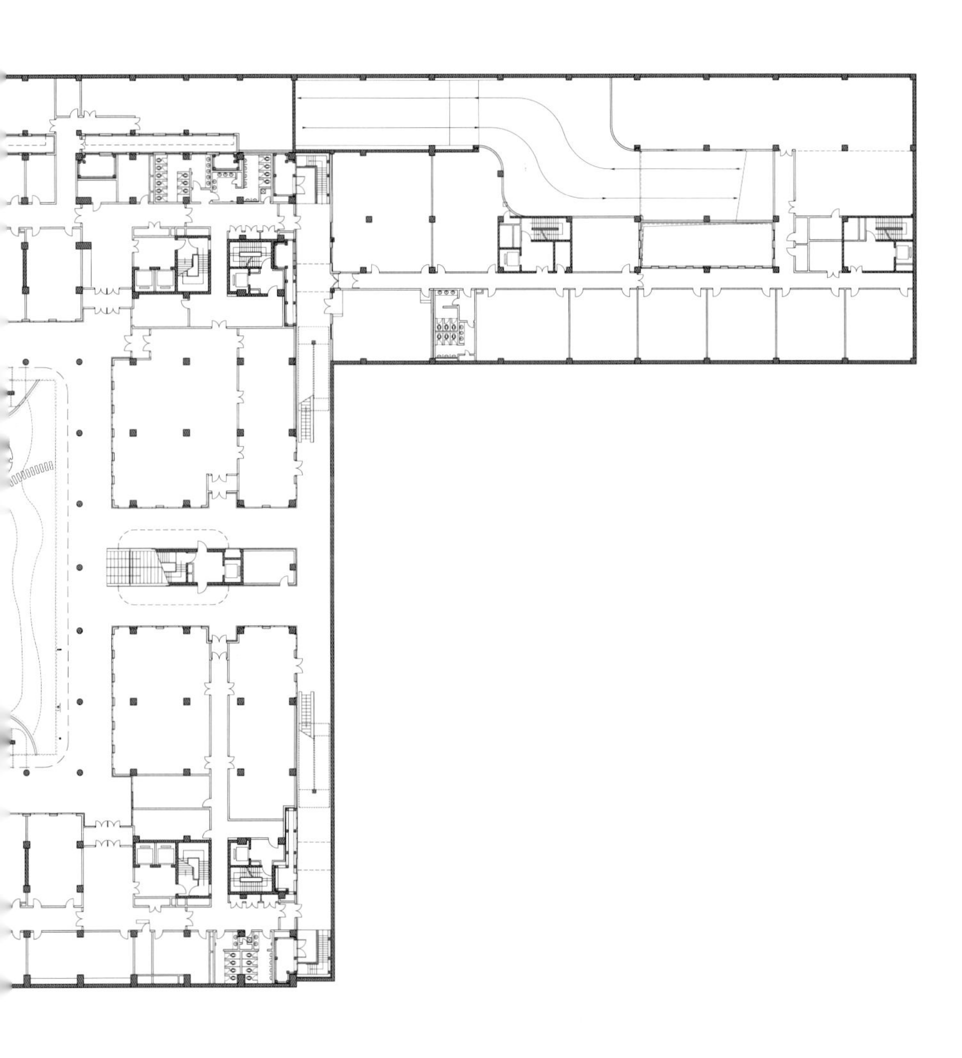

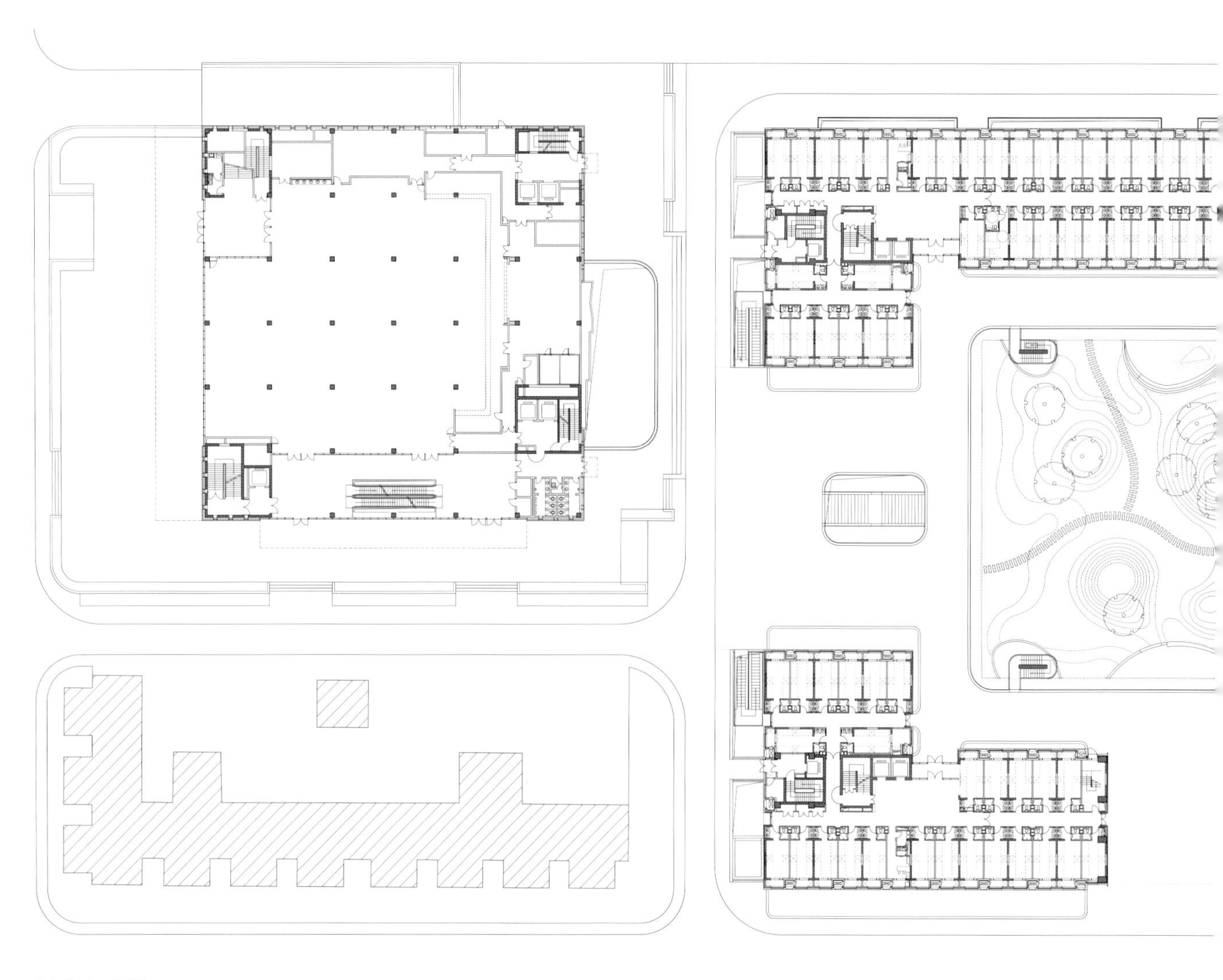

首层组合平面图

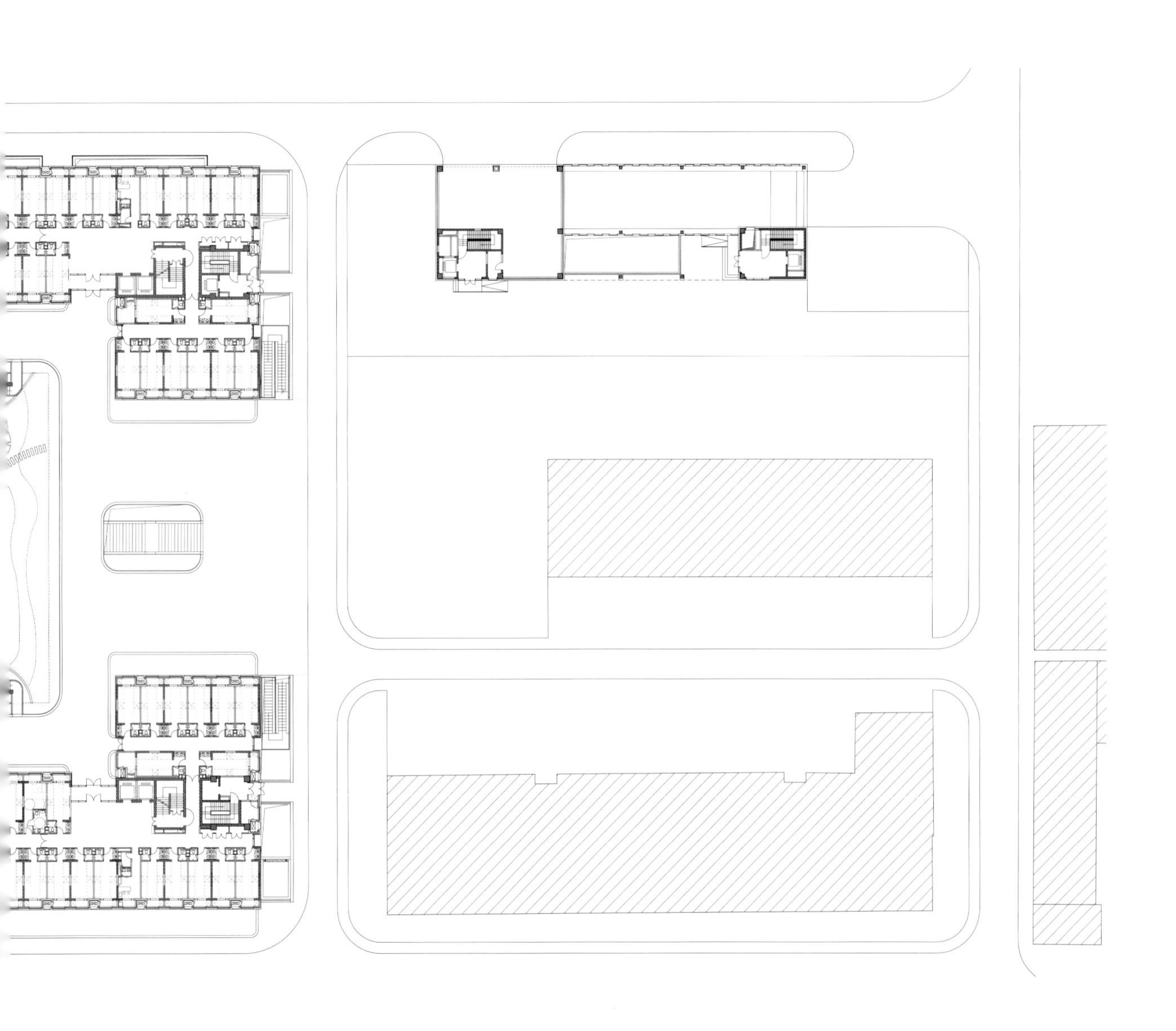

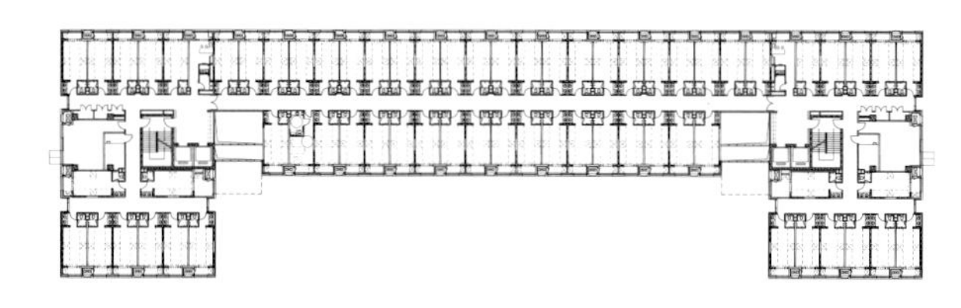

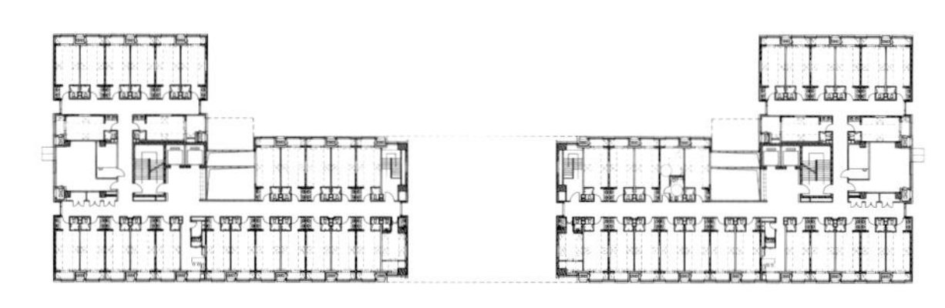

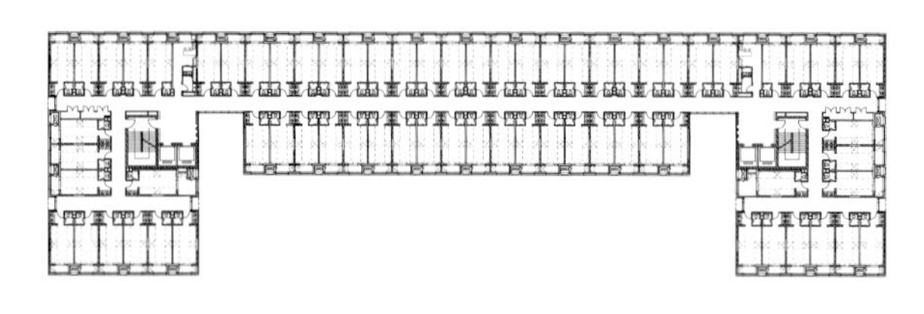

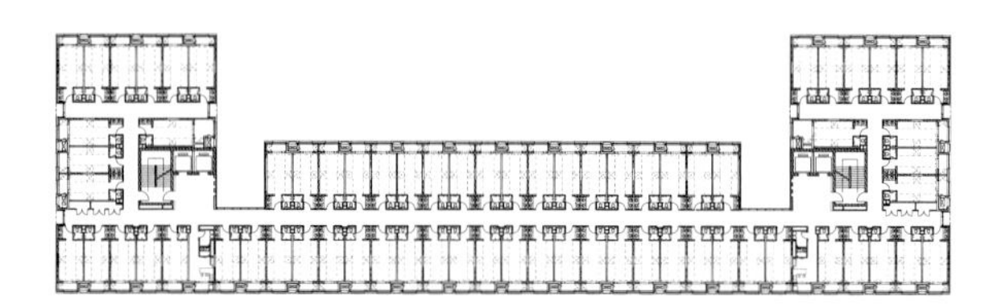

宿舍标准层平面图

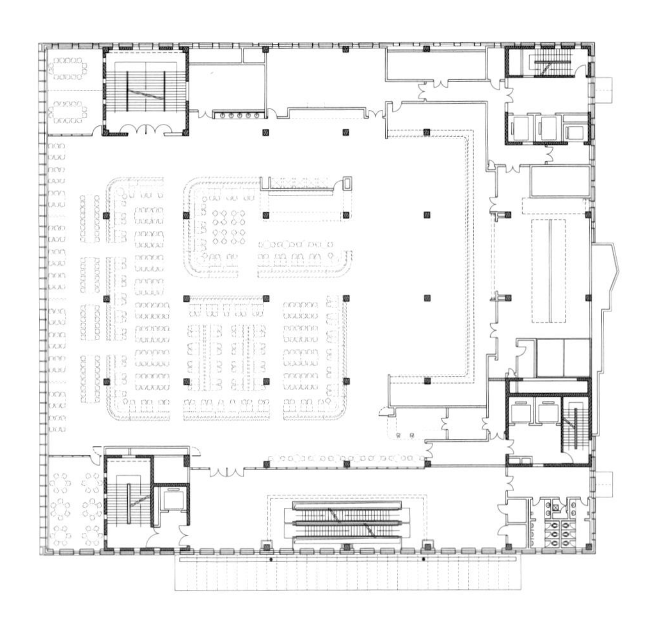

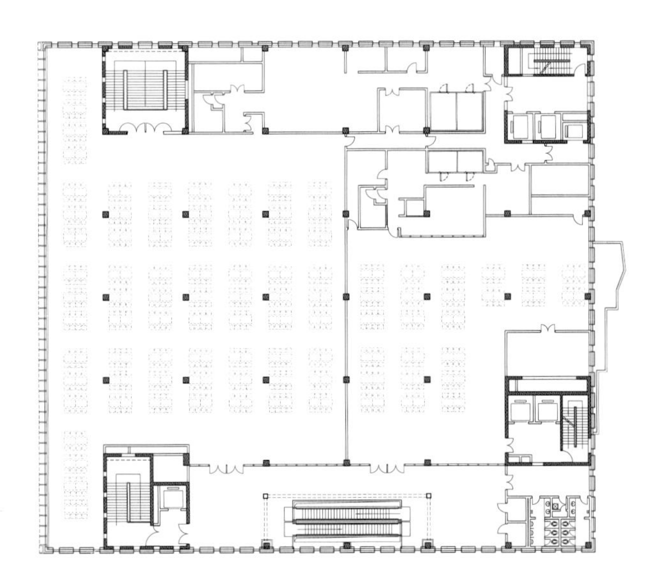

食堂标准层平面图

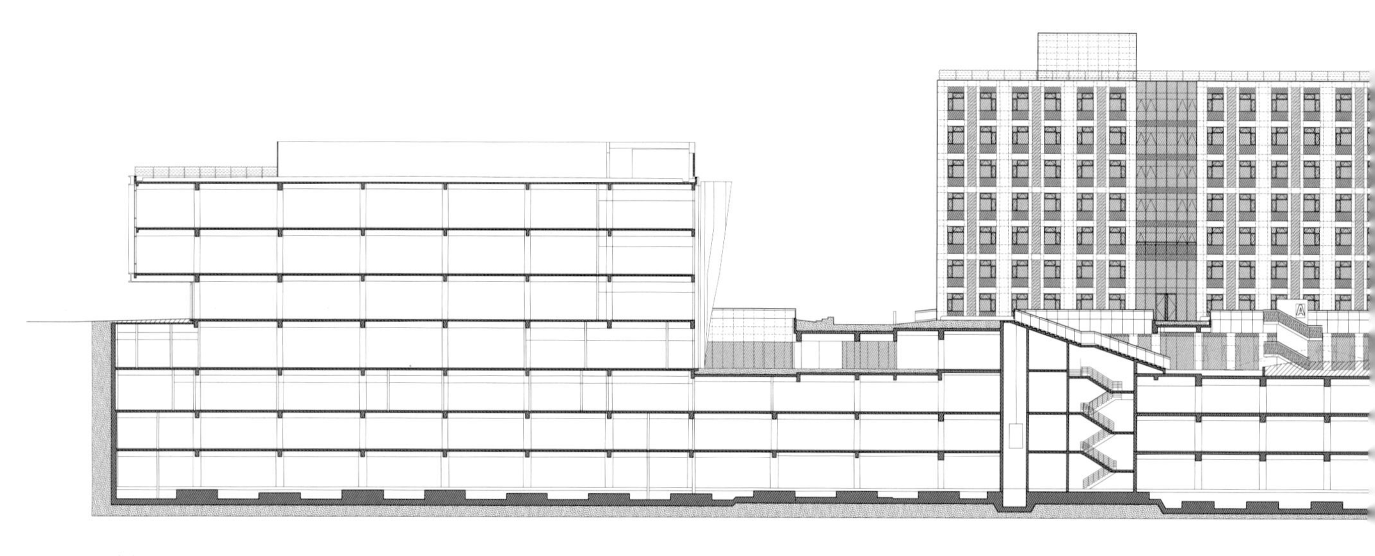

组合剖面图

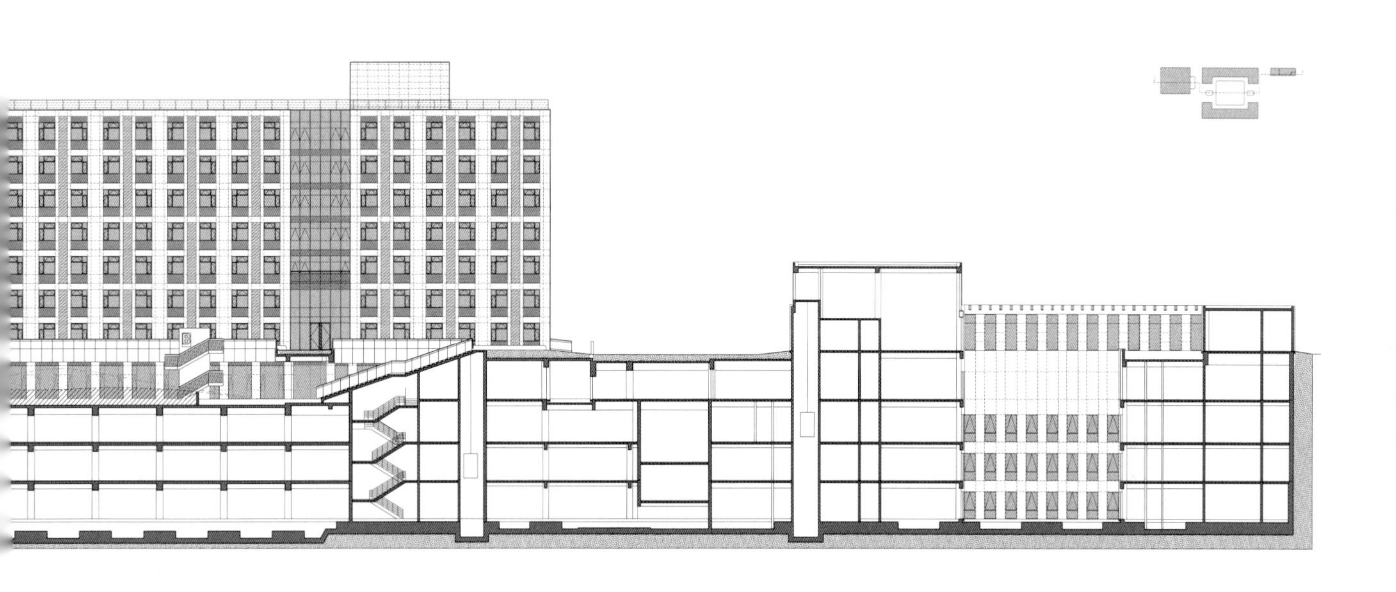

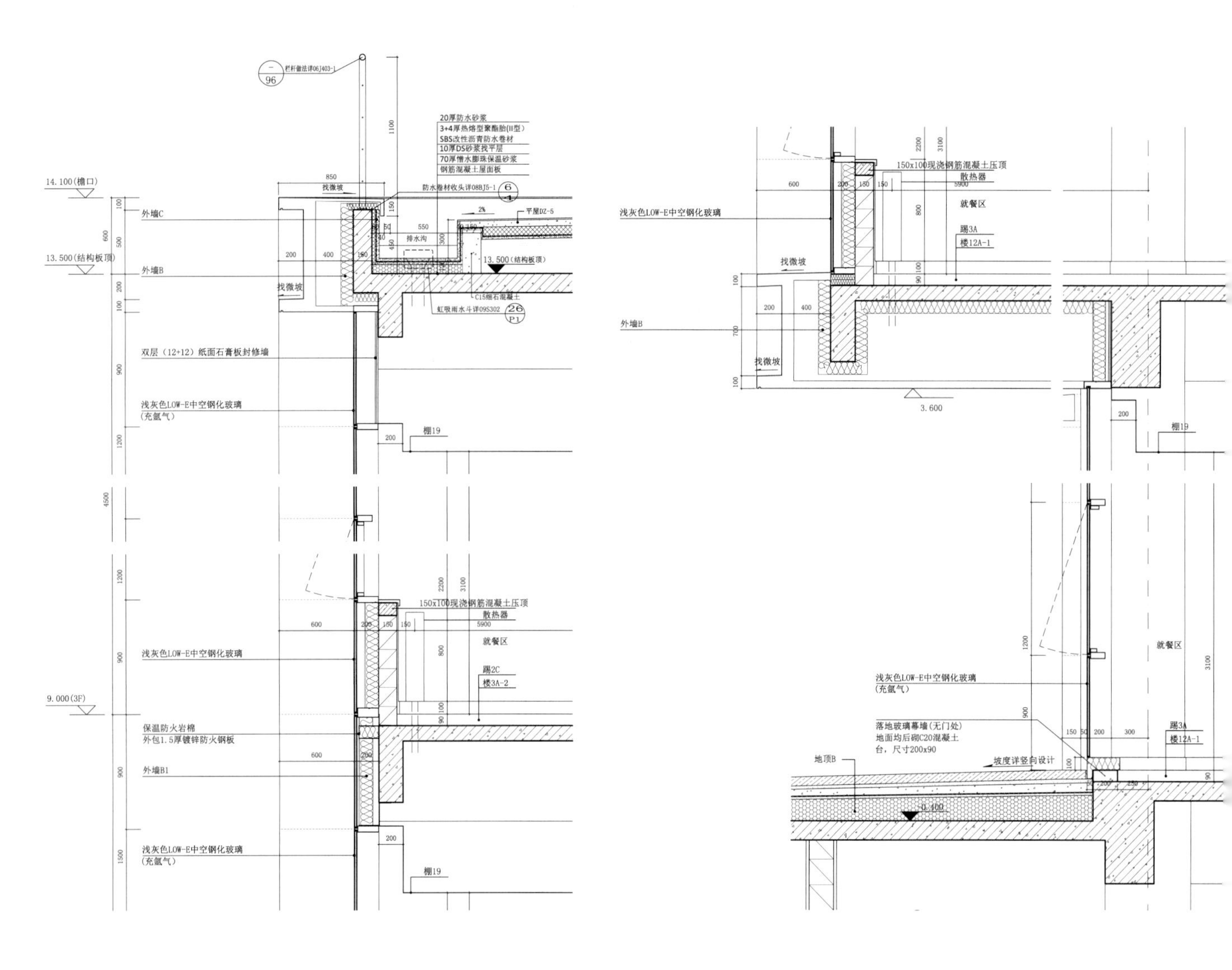
栏杆做法详06J403-1
96
20厚防水砂浆
3+4厚热熔型聚酯胎(II型)
SBS改性沥青防水卷材
10厚DS砂浆找平层
70厚憎水膨珠保温砂浆
钢筋混凝土屋面板
14.100(檐口)
13.500(结构板顶)
外墙C
外墙B
找微坡
防水卷材收头详08BJ5-1
平屋DZ-5
排水沟
13.500(结构板顶)
C15细石混凝土
虹吸雨水斗详09S302
双层（12+12）纸面石膏板封修墙
浅灰色LOW-E中空钢化玻璃
(充氩气)
棚19
150x100现浇钢筋混凝土压顶
散热器
就餐区
踢2C
楼3A-2
9.000(3F)
保温防火岩棉
外包1.5厚镀锌防火钢板
外墙B1
踢3A
楼12A-1
3.600
落地玻璃幕墙(无门处)
地面均后砌C20混凝土
台，尺寸200x90
地顶B
坡度详竖向设计
-0.400

食堂外墙详图 1

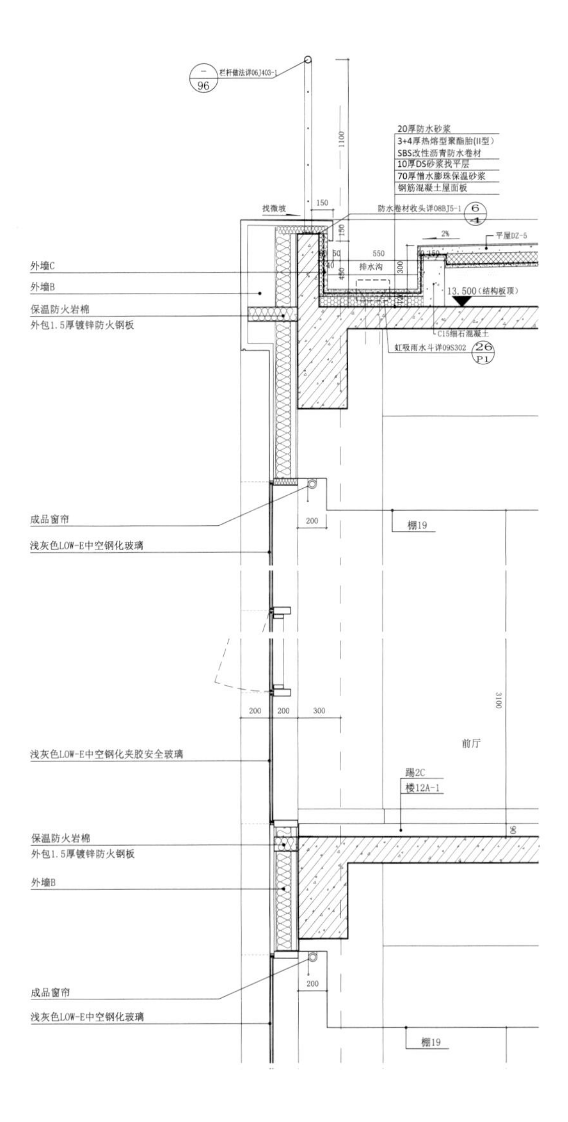

浅灰色LOW-E中空钢化夹胶安全玻璃
前厅
踢3A
楼12A-1
深灰色氟碳喷涂铝质披水板
20
90
保温防火岩棉
外包1.5厚镀锌防火钢板
外墙B
雨水口做法详专业厂家
200 1100 300 300 400 300
找微坡 找微坡
300
170
300 100
棚19
深灰色氟碳喷涂铝板
Ø75 U-PVC雨水管
前厅
浅灰色LOW-E中空钢化玻璃自动门
3100
2900
200 300 300 400
踢3A
楼12A-1
1500
路23
坡度详竖向设计
90
地外温1

食堂外墙详图 2

食堂西南立面

舍下沉庭院檐廊

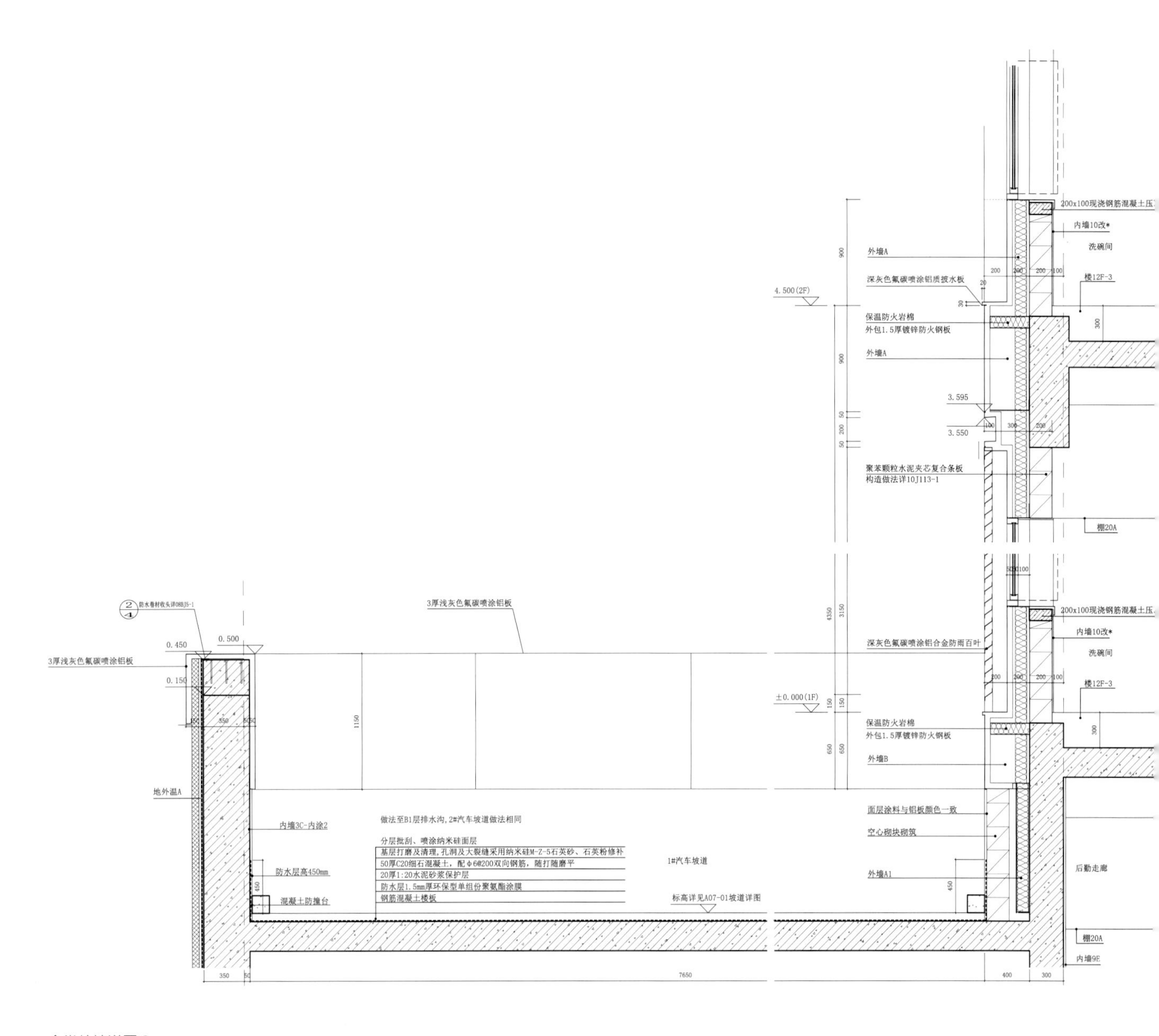
200x100现浇钢筋混凝土压
内墙10改*
洗碗间
外墙A
深灰色氟碳喷涂铝质披水板
4.500(2F)
楼12F-3
保温防火岩棉
外包1.5厚镀锌防火钢板
外墙A
3.595
3.550
聚苯颗粒水泥夹芯复合条板
构造做法详10J113-1
棚20A
3厚浅灰色氟碳喷涂铝板
0.450
0.500
3厚浅灰色氟碳喷涂铝板
0.150
深灰色氟碳喷涂铝合金防雨百叶
±0.000(1F)
保温防火岩棉
外包1.5厚镀锌防火钢板
外墙B
地外温A
内墙3C-内涂2
做法至B1层排水沟,2#汽车坡道做法相同
分层批刮、喷涂纳米硅面层
基层打磨及清理,孔洞及大裂缝采用纳米硅M-Z-5石英砂、石英粉修补
50厚C20细石混凝土,配φ6@200双向钢筋,随打随磨平
20厚1:20水泥砂浆保护层
防水层1.5mm厚环保型单组份聚氨酯涂膜
钢筋混凝土楼板
防水层高450mm
混凝土防撞台
1#汽车坡道
标高详见A07-01坡道详图
面层涂料与铝板颜色一致
空心砌块砌筑
外墙A1
后勤走廊
内墙9E
350
7650
400
300

食堂外墙详图 3

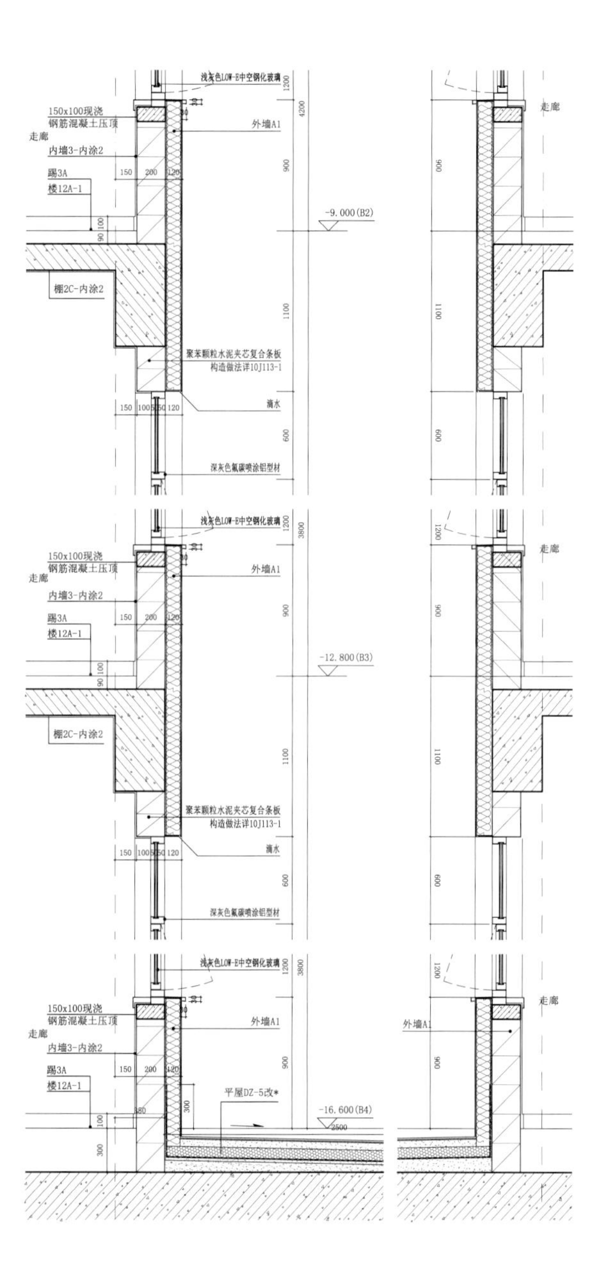
浅灰色LOW-E中空钢化玻璃
150x100现浇
钢筋混凝土压顶
走廊
外墙A1
内墙3-内涂2
踢3A
楼12A-1
-9.000(B2)
棚2C-内涂2
聚苯颗粒水泥夹芯复合条板
构造做法详10J113-1
滴水
深灰色氟碳喷涂铝型材
浅灰色LOW-E中空钢化玻璃
150x100现浇
钢筋混凝土压顶
走廊
外墙A1
内墙3-内涂2
踢3A
楼12A-1
-12.800(B3)
棚2C-内涂2
聚苯颗粒水泥夹芯复合条板
构造做法详10J113-1
滴水
深灰色氟碳喷涂铝型材
浅灰色LOW-E中空钢化玻璃
150x100现浇
钢筋混凝土压顶
走廊
外墙A1
内墙3-内涂2
踢3A
楼12A-1
平屋DZ-5改*
-16.600(B4)
外墙A1
走廊

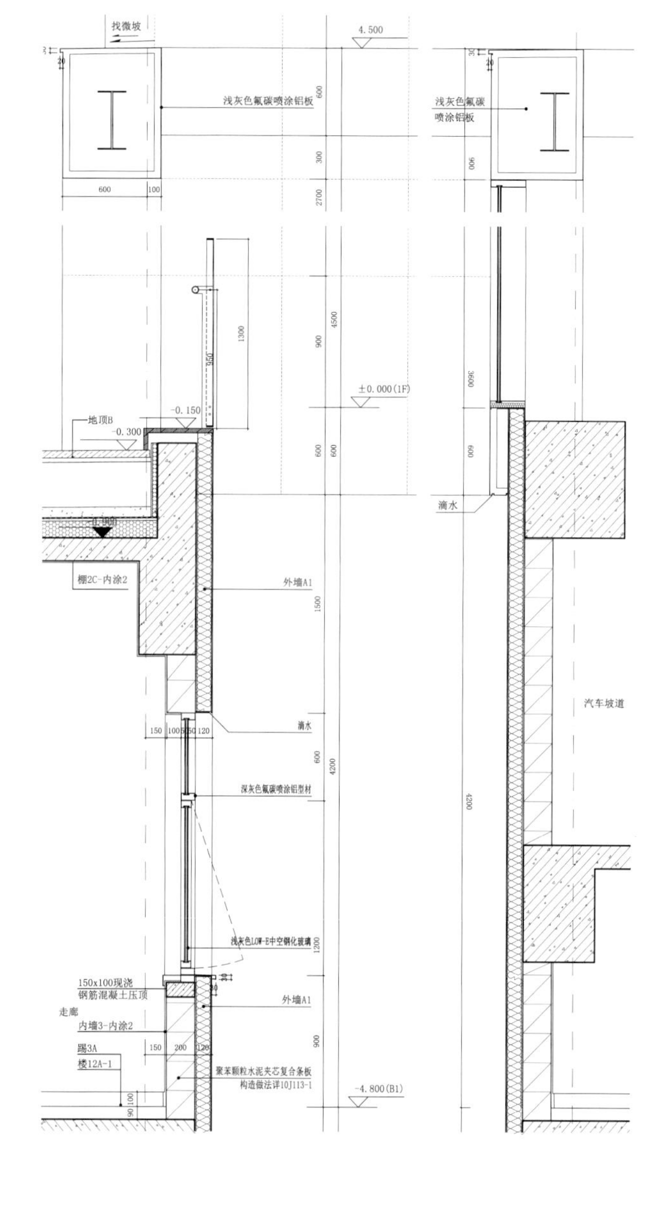
找微坡
4.500
浅灰色氟碳喷涂铝板
浅灰色氟碳
喷涂铝板
±0.000(1F)
地顶B
-0.150
-0.300
滴水
棚2C-内涂2
外墙A1
汽车坡道
滴水
深灰色氟碳喷涂铝型材
浅灰色LOW-E中空钢化玻璃
150x100现浇
钢筋混凝土压顶
走廊
外墙A1
内墙3-内涂2
踢3A
楼12A-1
聚苯颗粒水泥夹芯复合条板
构造做法详10J113-1
-4.800(B1)

窗井外墙详图

宿舍西北立面

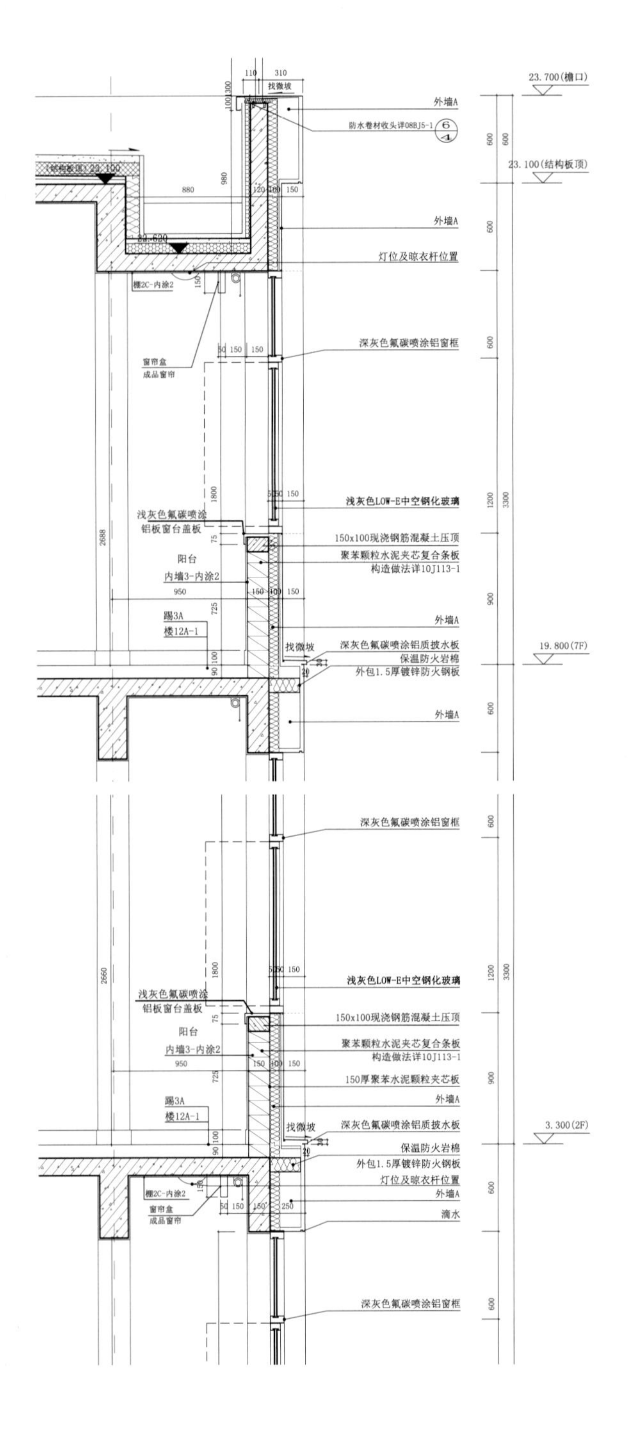
23.700(檐口)
找微坡
外墙A
防水卷材收头详08BJ5-1
23.100(结构板顶)
外墙A
灯位及晾衣杆位置
棚2C-内涂2
窗帘盒
成品窗帘
深灰色氟碳喷涂铝窗框
浅灰色LOW-E中空钢化玻璃
浅灰色氟碳喷涂
铝板窗台盖板
150x100现浇钢筋混凝土压顶
聚苯颗粒水泥夹芯复合条板
构造做法详10J113-1
阳台
内墙3-内涂2
外墙A
踢3A
楼12A-1
找微坡
深灰色氟碳喷涂铝质披水板
保温防火岩棉
外包1.5厚镀锌防火钢板
19.800(7F)
外墙A
深灰色氟碳喷涂铝窗框
浅灰色LOW-E中空钢化玻璃
浅灰色氟碳喷涂
铝板窗台盖板
150x100现浇钢筋混凝土压顶
聚苯颗粒水泥夹芯复合条板
构造做法详10J113-1
阳台
内墙3-内涂2
150厚聚苯水泥颗粒夹芯板
外墙A
踢3A
楼12A-1
找微坡
深灰色氟碳喷涂铝质披水板
3.300(2F)
保温防火岩棉
外包1.5厚镀锌防火钢板
灯位及晾衣杆位置
棚2C-内涂2
窗帘盒
成品窗帘
外墙A
滴水
深灰色氟碳喷涂铝窗框

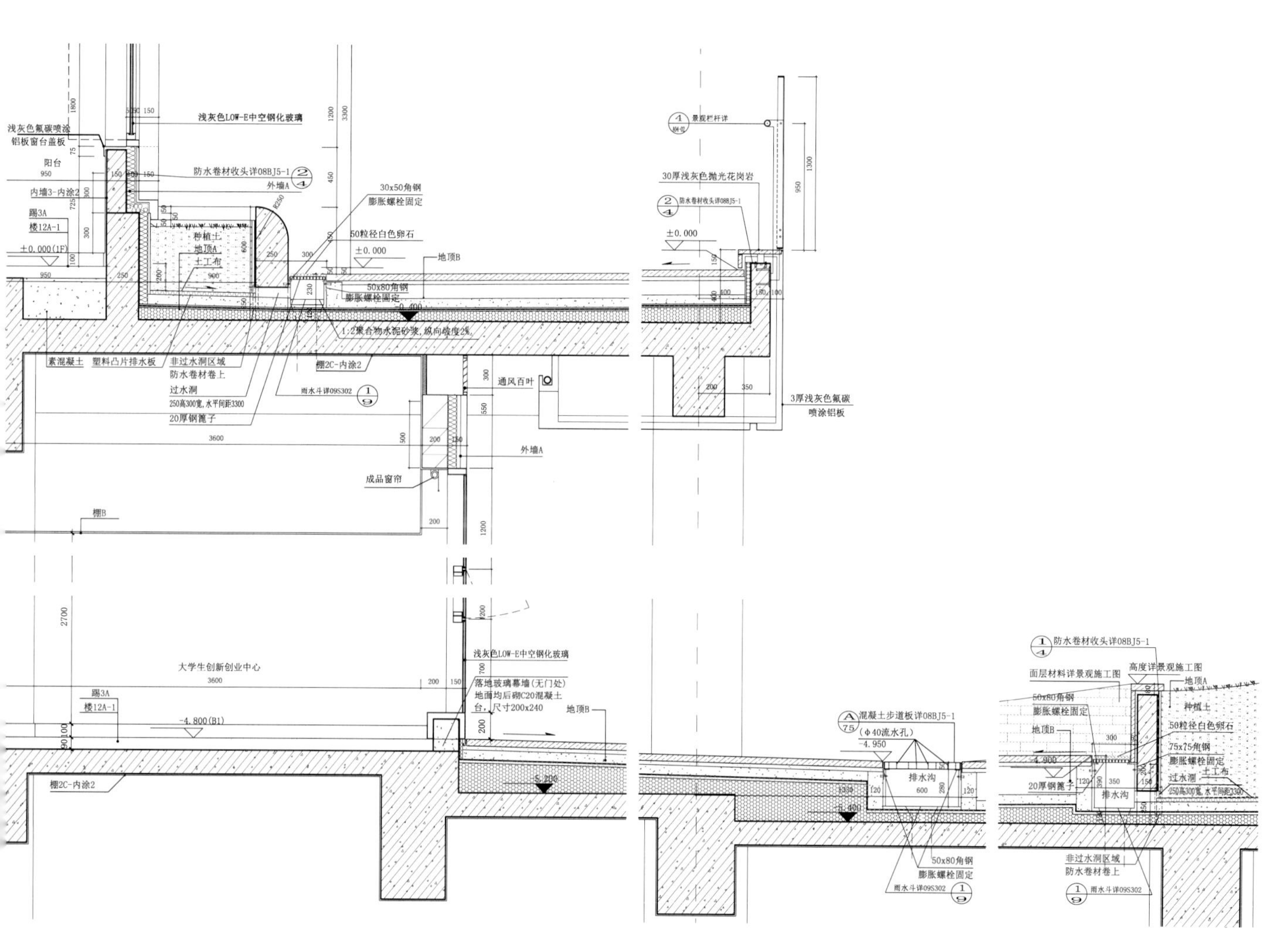

宿舍外墙详图（组图）

宿舍立面局部

宿舍东南立面图

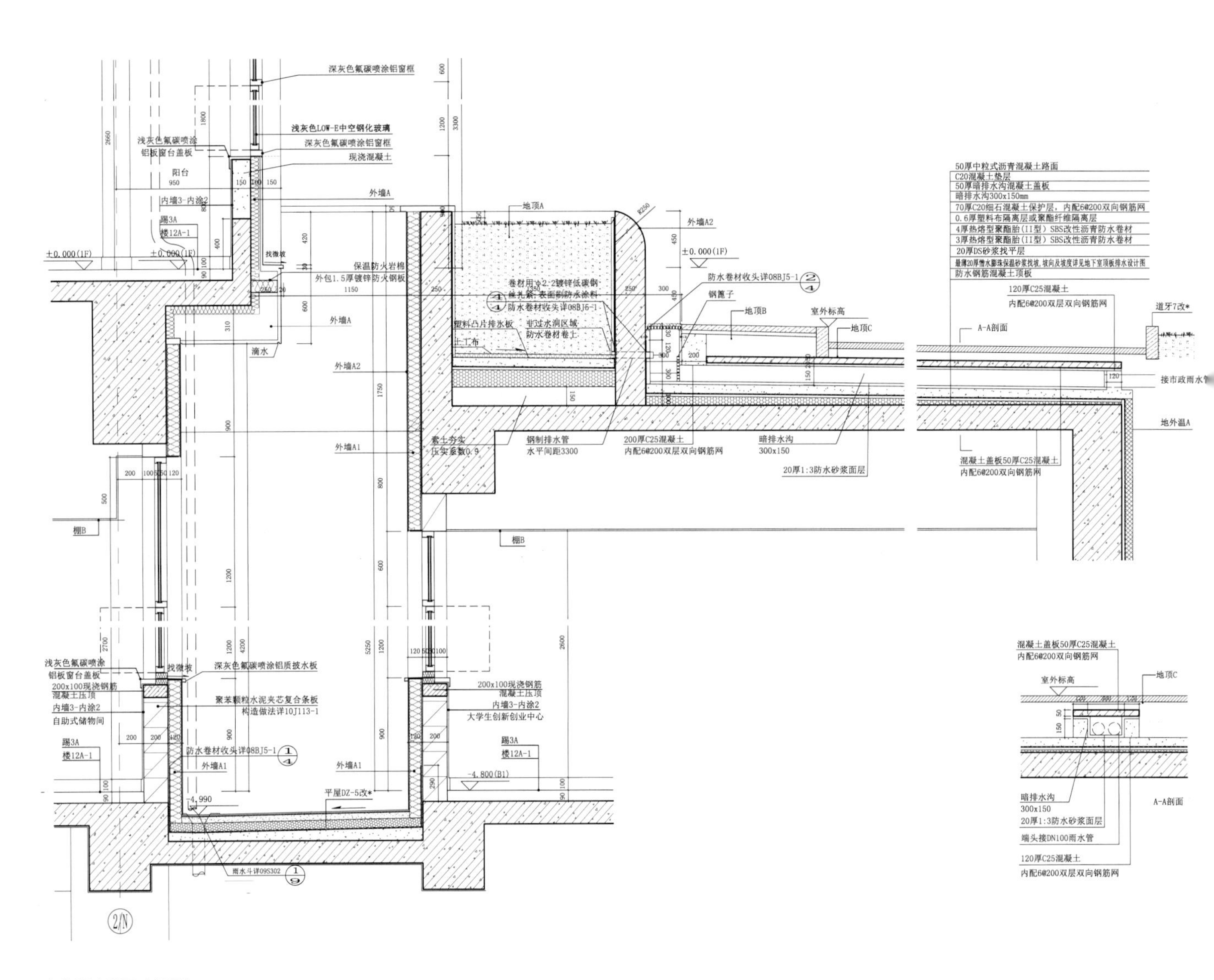
深灰色氟碳喷涂铝窗框
浅灰色LOW-E中空钢化玻璃
深灰色氟碳喷涂铝窗框
现浇混凝土
浅灰色氟碳喷涂
铝板窗台盖板
阳台
内墙3-内涂2
踢3A
楼12A-1
±0.000(1F)
±0.000(1F)
外墙A
找微坡
保温防火岩棉
外包1.5厚镀锌防火钢板
外墙A
滴水
外墙A2
外墙A1
棚B
地顶A
外墙A2
±0.000(1F)
卷材用φ2.2镀锌低碳钢
丝扎紧，表面刷防水涂料
防水卷材收头详08BJ6-1
塑料凸片排水板
非过水洞区域
防水卷材卷上
土工布
素土夯实
压实系数0.9
钢制排水管
水平间距3300
200厚C25混凝土
内配6@200双层双向钢筋网
防水卷材收头详08BJ5-1
钢篦子
地顶B
室外标高
地顶C
暗排水沟
300x150
20厚1:3防水砂浆面层
棚B
50厚中粒式沥青混凝土路面
C20混凝土垫层
50厚暗排水沟混凝土盖板
暗排水沟300x150mm
70厚C20细石混凝土保护层，内配6@200双向钢筋网
0.6厚塑料布隔离层或聚酯纤维隔离层
4厚热熔型聚酯胎(II型)SBS改性沥青防水卷材
3厚热熔型聚酯胎(II型)SBS改性沥青防水卷材
20厚DS砂浆找平层
防水钢筋混凝土顶板
120厚C25混凝土
内配6@200双层双向钢筋网
道牙7改*
A-A剖面
接市政雨水管
地外温A
混凝土盖板50厚C25混凝土
内配6@200双向钢筋网
浅灰色氟碳喷涂
铝板窗台盖板
200x100现浇钢筋
混凝土压顶
内墙3-内涂2
自助式储物间
找微坡
深灰色氟碳喷涂铝质披水板
聚苯颗粒水泥夹芯复合条板
构造做法详10J113-1
防水卷材收头详08BJ5-1
外墙A1
踢3A
楼12A-1
-4.990
平屋DZ-5改*
雨水斗详09S302
外墙A1
200x100现浇钢筋
混凝土压顶
内墙3-内涂2
大学生创新创业中心
踢3A
楼12A-1
-4.800(B1)
2/N
混凝土盖板50厚C25混凝土
内配6@200双向钢筋网
室外标高
地顶C
A-A剖面
暗排水沟
300x150
20厚1:3防水砂浆面层
端头接DN100雨水管
120厚C25混凝土
内配6@200双层双向钢筋网

宿舍外墙详图（组图）

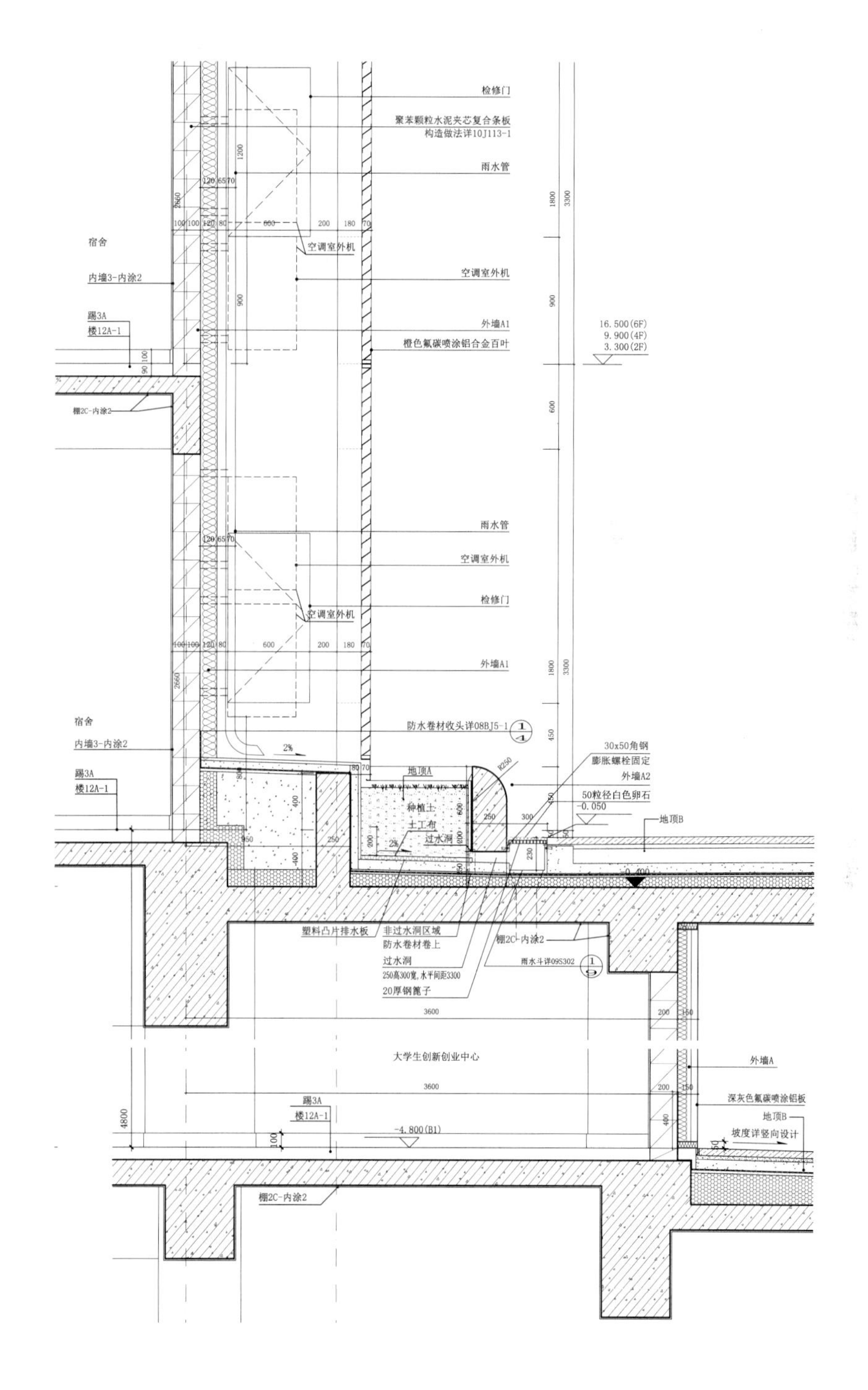
检修门
聚苯颗粒水泥夹芯复合条板
构造做法详10J113-1
雨水管
宿舍
内墙3-内涂2
空调室外机
空调室外机
外墙A1
踢3A
楼12A-1
橙色氟碳喷涂铝合金百叶
16.500(6F)
9.900(4F)
3.300(2F)
棚2C-内涂2
雨水管
空调室外机
检修门
空调室外机
外墙A1
宿舍
防水卷材收头详08BJ5-1
内墙3-内涂2
30x50角钢
膨胀螺栓固定
外墙A2
踢3A
楼12A-1
地顶A
种植土
土工布
过水洞
50粒径白色卵石
-0.050
地顶B
塑料凸片排水板
非过水洞区域
防水卷材卷上
过水洞
250高300宽,水平间距3300
20厚钢篦子
棚2C-内涂2
雨水斗详09S302
大学生创新创业中心
外墙A
深灰色氟碳喷涂铝板
地顶B
坡度详竖向设计
踢3A
楼12A-1
-4.800(B1)
棚2C-内涂2

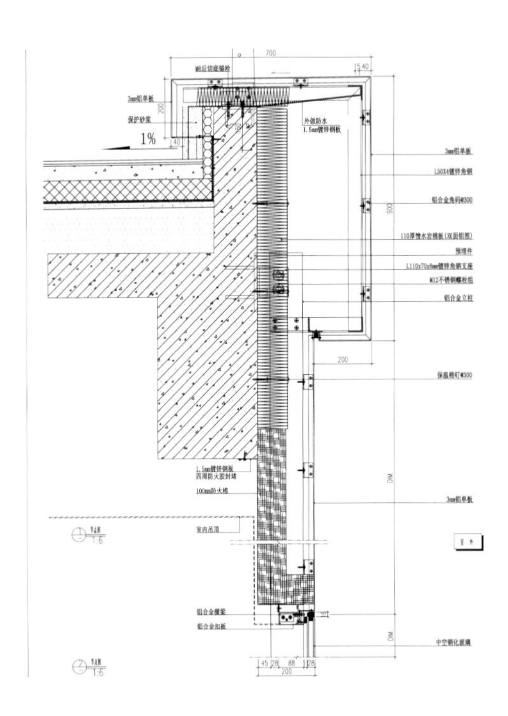
M8后切底锚栓
3mm铝单板
保护砂浆
1%
外侧防水
1.5mm镀锌钢板
3mm铝单板
L50X4镀锌角钢
铝合金角码@300
110厚憎水岩棉板(双面铝箔)
预埋件
L110x70x8mm镀锌角钢支座
M12不锈钢螺栓组
铝合金立柱
保温钉@300
1.5mm镀锌钢板
四周防火胶封堵
100mm防火棉
3mm铝单板
室内吊顶
室外
铝合金横梁
铝合金扣板
中空钢化玻璃

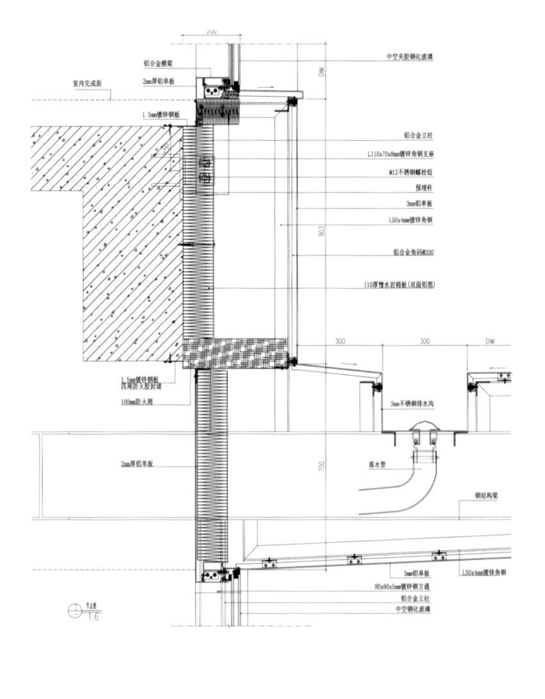
中空夹胶钢化玻璃
铝合金横梁
2mm厚铝单板
室内完成面
1.5mm镀锌钢板
铝合金立柱
L110x70x8mm镀锌角钢支座
M12不锈钢螺栓组
预埋件
3mm铝单板
L50x4mm镀锌角钢
铝合金角码@300
110厚憎水岩棉板(双面铝箔)
1.5mm镀锌钢板
四周防火胶封堵
100mm防火棉
3mm不锈钢排水沟
2mm厚铝单板
落水管
钢结构梁
3mm铝单板
L50x4mm镀锌角钢
80x80x5mm镀锌钢方通
铝合金立柱
中空钢化玻璃

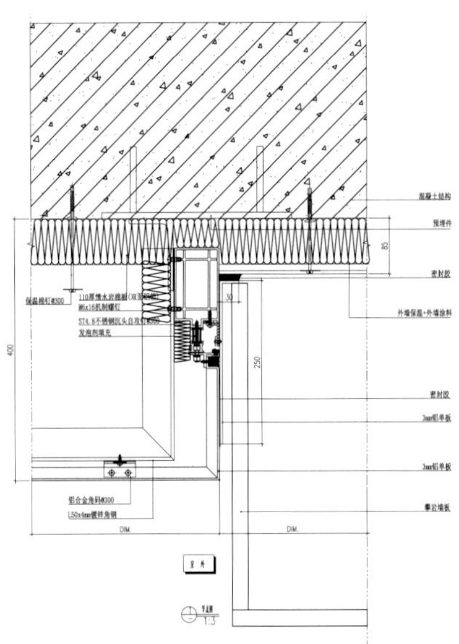
混凝土结构
预埋件
密封胶
外墙保温+外墙涂料
保温钉@300
110厚憎水岩棉板(双面铝箔)
密封胶
3mm铝单板
3mm铝单板
铝合金角码@300
L50x4mm镀锌角钢
攀岩墙板
室外

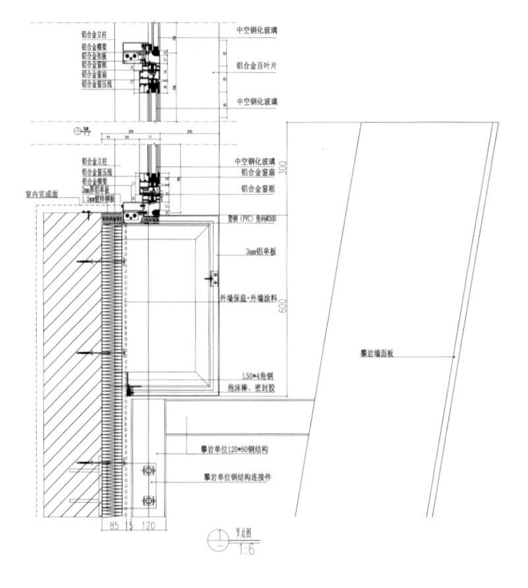
铝合金立柱
铝合金横梁
中空钢化玻璃
铝合金百叶片
中空钢化玻璃
中空钢化玻璃
铝合金窗扇
铝合金窗框
室内完成面
3mm铝单板
外墙保温+外墙涂料
L50*4角钢
泡沫棒、密封胶
攀岩单位120*60钢结构
攀岩单位钢结构连接件
攀岩墙面板

食堂幕墙节点

堂南立面图

宿舍内庭院夜景

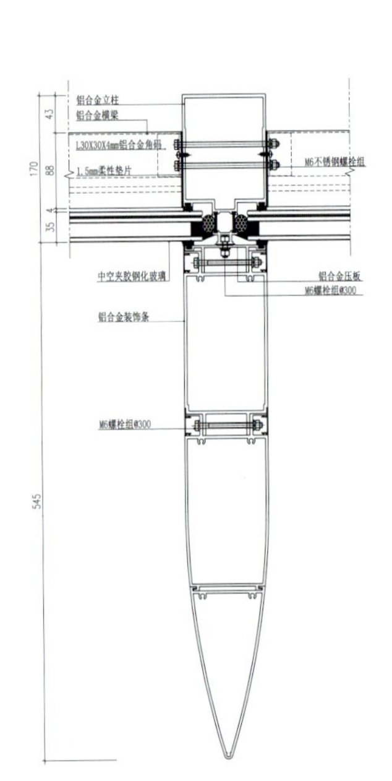

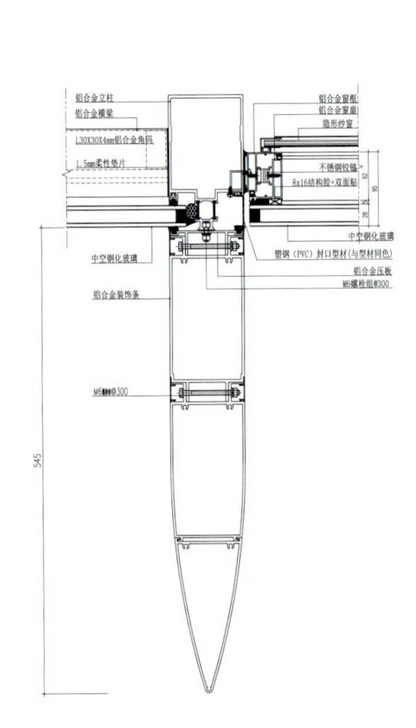

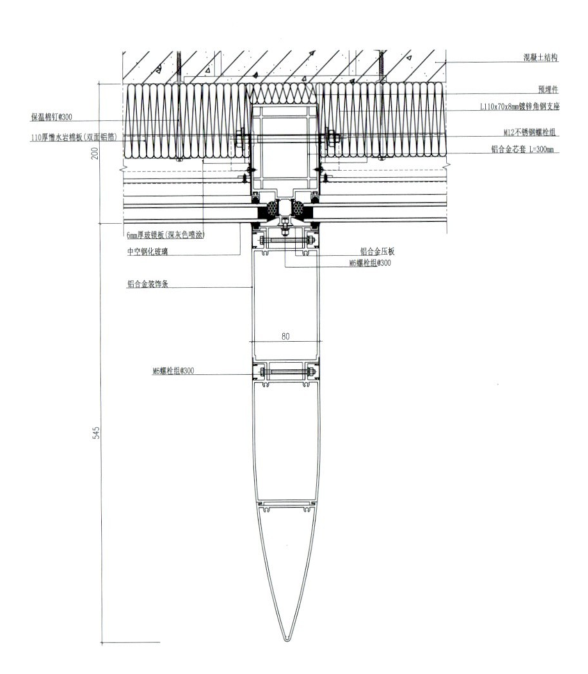

食堂遮阳百叶节点

食堂南立面图

工程实施阶段

2017 年 6 月—2018 年 12 月

施工过程中鸟瞰图

一、竖向与排水设计

本项目地下室面积较大，为保证防水的可靠性，设计采用了整体找坡与分区降板相结合的形式，减少了地面做法厚度，使地下室净高最大化。首层为保证宿舍隐私，结合竖向与排水布置了一系列花池。为保证下沉庭院种植大乔木的可能性，地下室顶板结合集水坑设置了数个树池。

宿舍下沉庭院绿地与檐廊关系

宿舍花池局部

宿舍下沉庭院檐廊局部

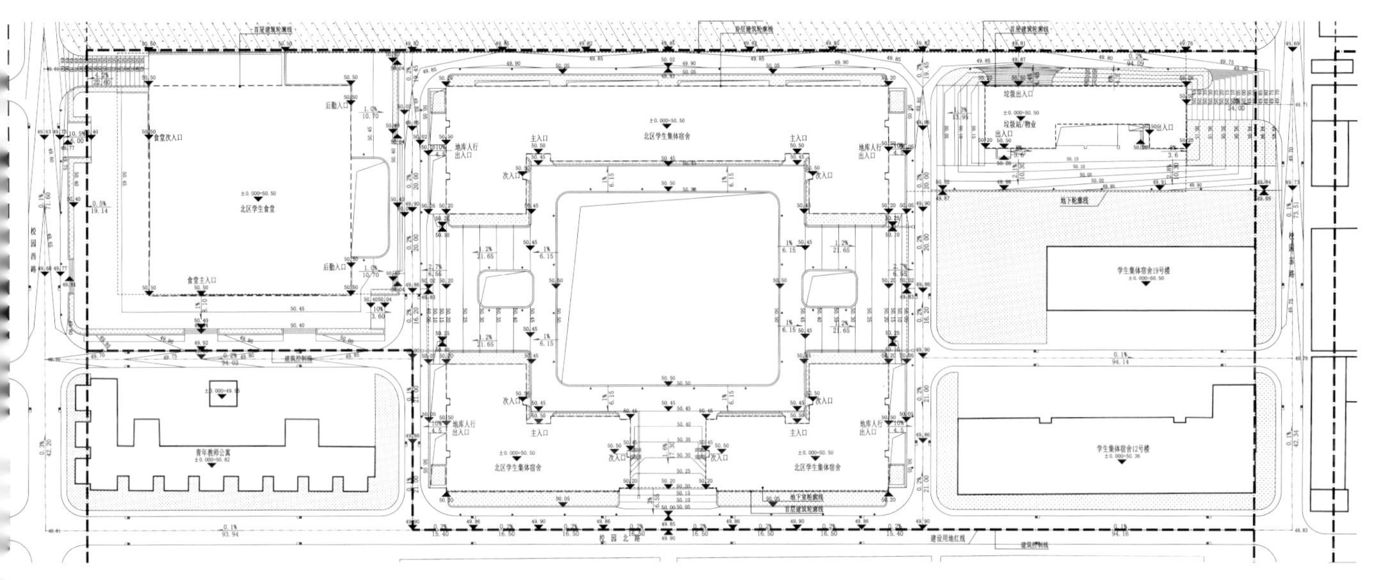

场地竖向图

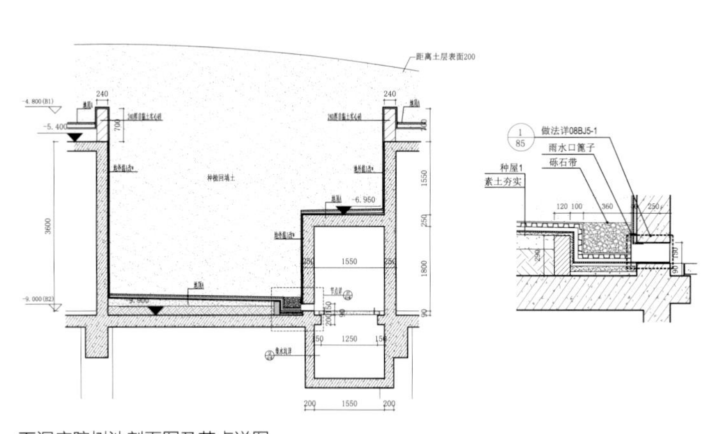

下沉庭院树池剖面图及节点详图

二、宿舍室内设计

宿舍入口采用通高门厅设计，搭配色彩明快的铝板、玻璃等，凸显学生青春活力的气息。电梯厅对面为公共服务区，房间内设置吧台、开水器、洗衣机、垃圾间等配套服务设施。

宿舍电梯间

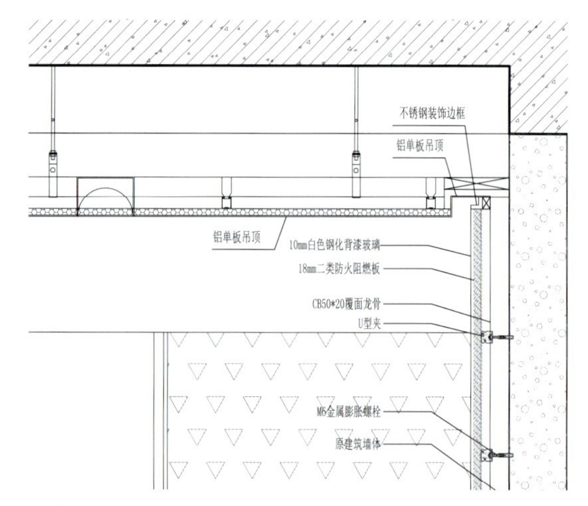

背漆玻璃详图

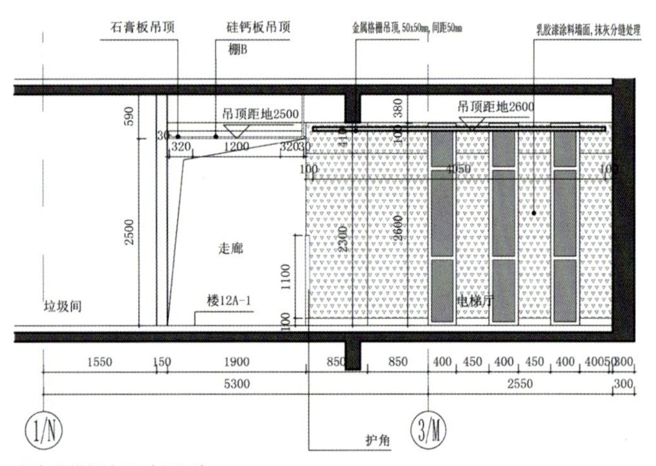

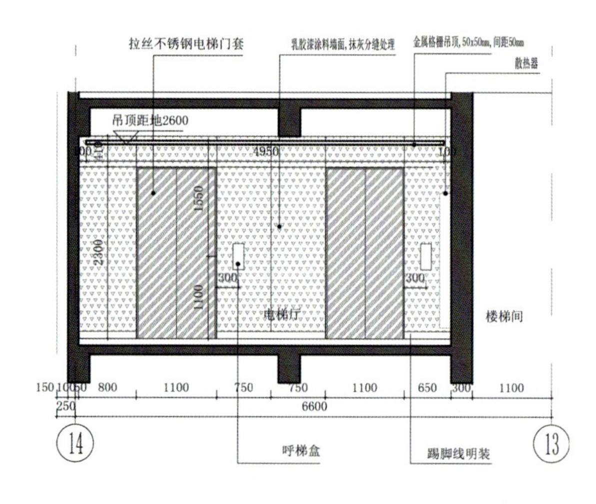

宿舍电梯间立面（组图）

宿舍楼门厅

宿舍走廊

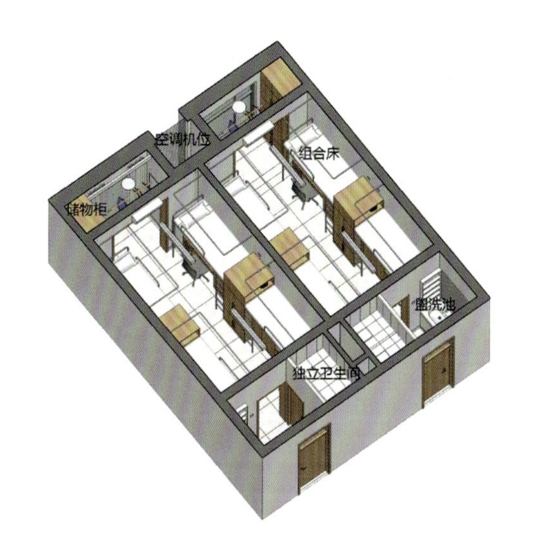

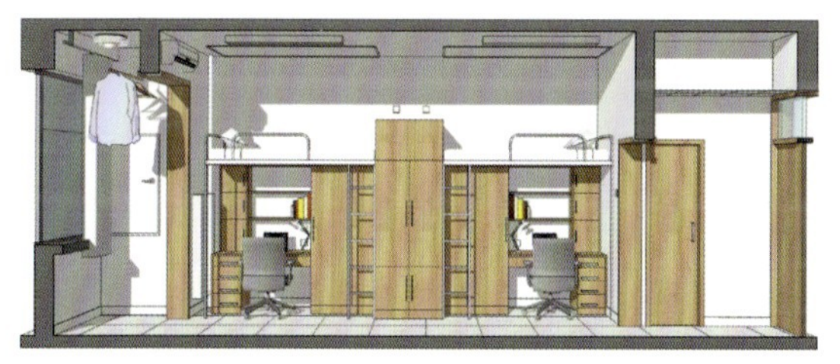

宿舍室内模型效果图

宿舍室内

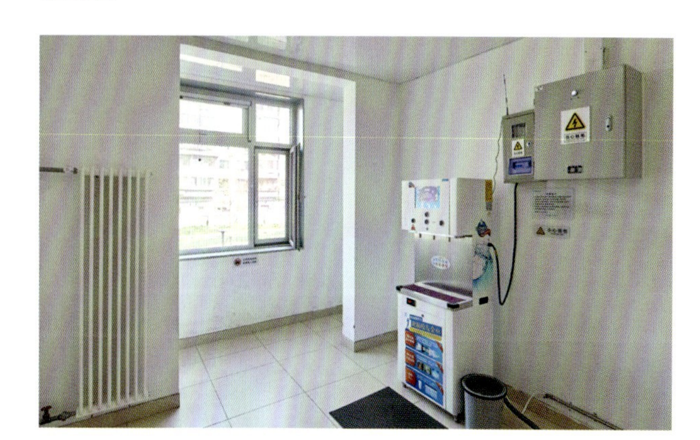

宿舍配套服务用房

宿舍地下 1 层围绕下沉庭院景观布置了咖啡厅、小超市、健身房、洗衣房、理发店等一系列公共配套服务设施，学生通过室内楼电梯及室外楼梯、檐廊便可方便到达。

宿舍公共配套服务设施（组图）

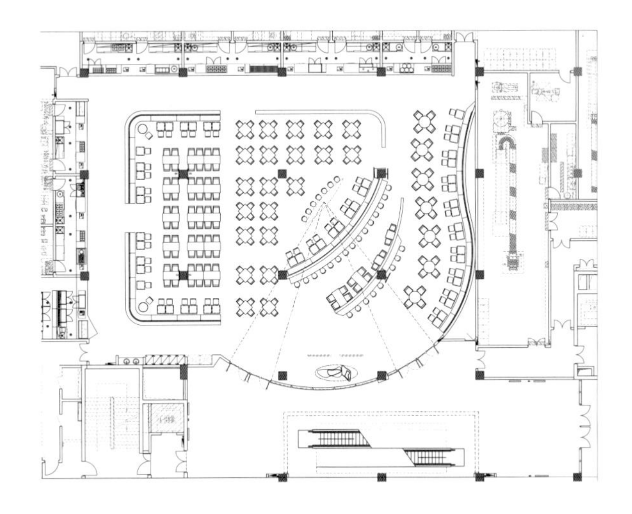

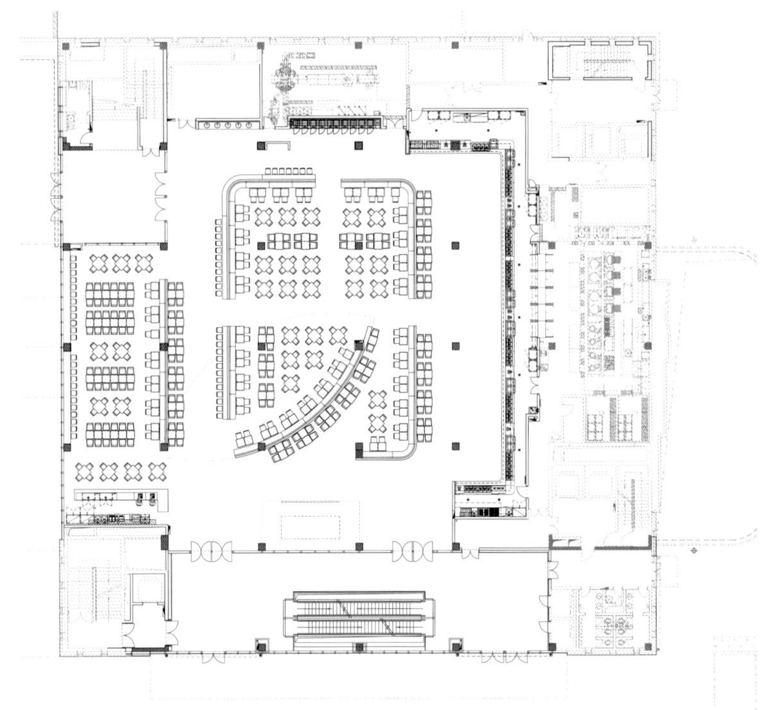

食堂平面图（组图）

三、食堂室内设计

餐厅合理组织各种流线，各层前厅人流通过自动扶梯和电梯抵达，高效便捷。餐厅采用开放式空间模式，以固定卡座、空间隔断、绿植等元素巧妙划分空间，利用家具的形态和色彩，室内材料和颜色的配置等丰富就餐体验，获得与营业餐厅一致的效果。

食堂室内（组图）

食堂室内

四、景观设计

本项目花池、地面铺装设计延续了建筑立面设计，兼具美观与功能性。地下 1 层下沉庭院景观采用了自然起伏的坡地形式，根据覆土、采光条件与季节变化进行植物选型。整个下沉庭院功能以休憩为主，兼顾校园文化展示需要。

本项目北侧为代征绿地。设计将代征绿地作为景观绿地并且兼具雨水花园的功能，通过场地、道路竖向设计将雨水排至北侧绿地内。景观绿地以起伏的自然草地为主要元素，以局部种植的乔木为点缀，结合绿地内保留的树木，形成自然、轻松的景观氛围。

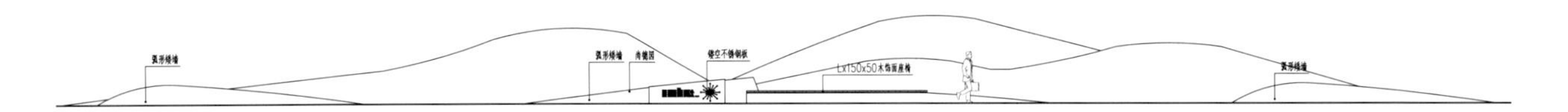

宿舍下沉庭院立面图

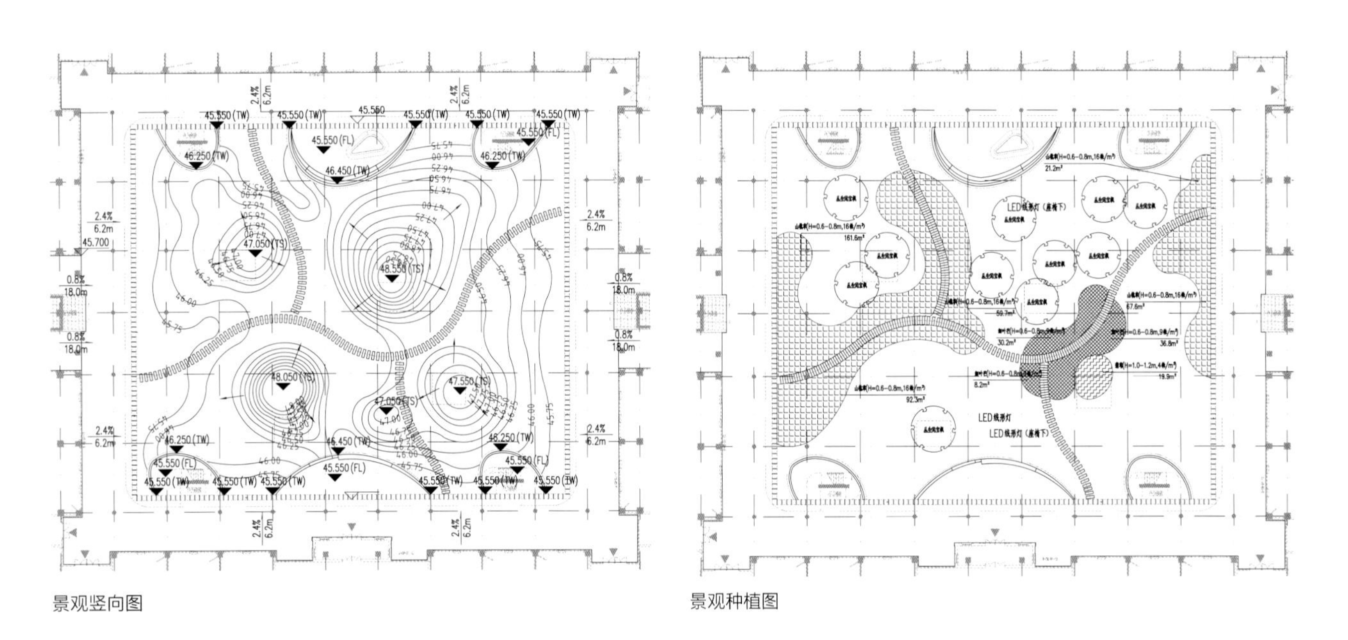

景观竖向图　　景观种植图

宿舍下沉庭院小品

宿舍下沉庭院景观

宿舍下沉庭院

宿舍下沉庭院室外楼梯

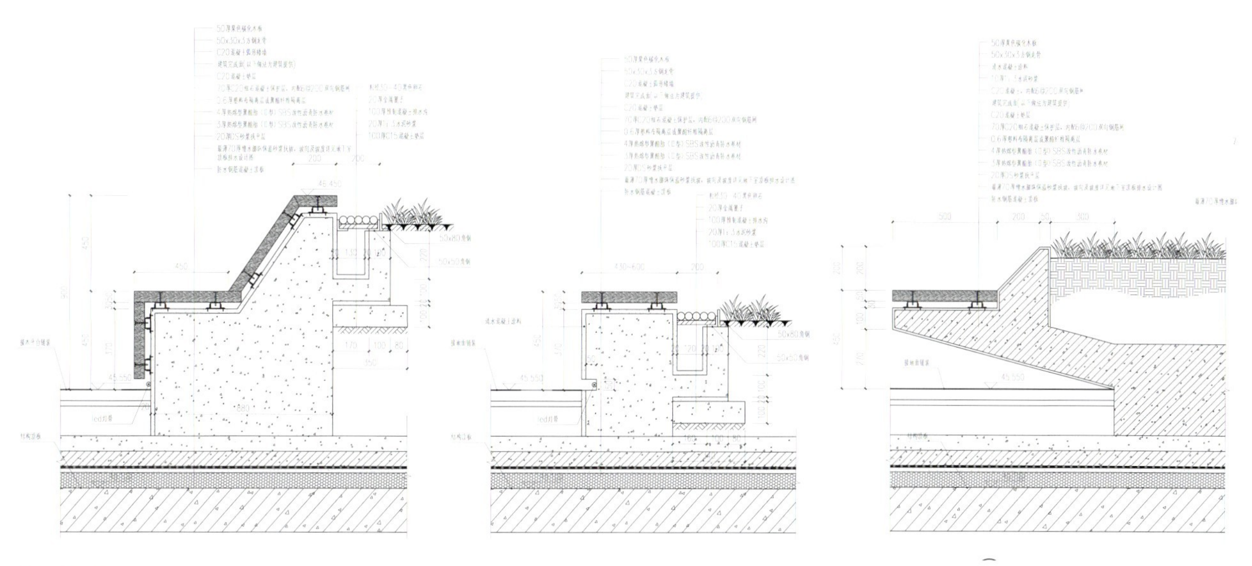

庭院景观详图

宿舍下沉庭院小品

宿舍北侧景观绿地（组图）

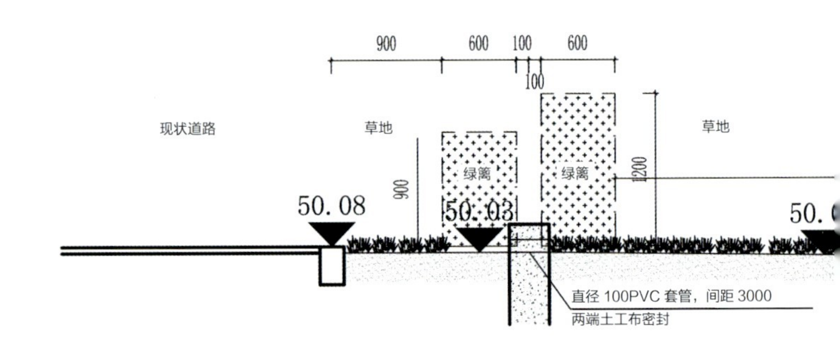

北侧景观绿地详图

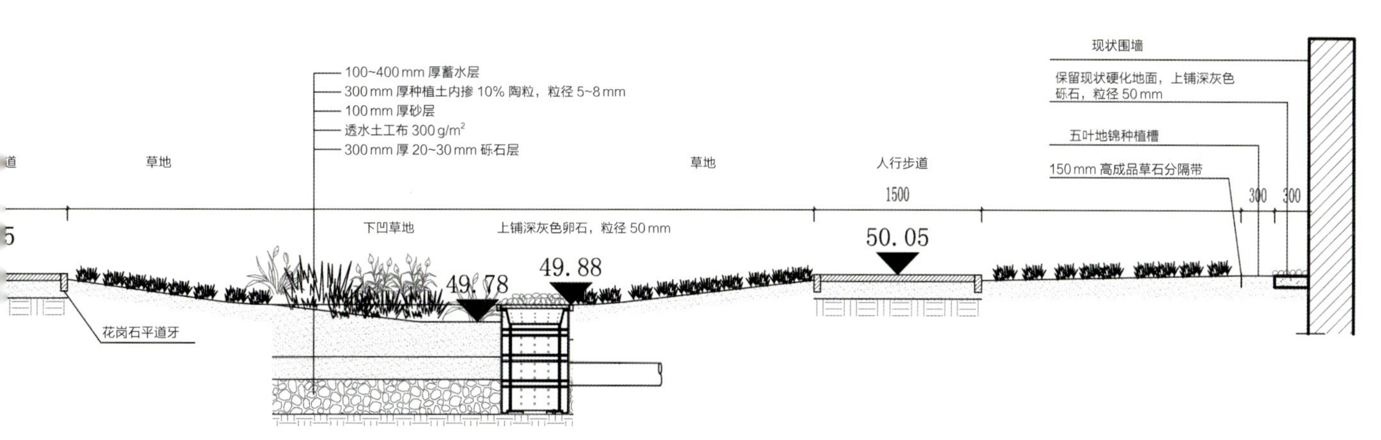

现状围墙
保留现状硬化地面，上铺深灰色砾石，粒径 50 mm
五叶地锦种植槽
150 mm 高成品草石分隔带
100~400 mm 厚蓄水层
300 mm 厚种植土内掺 10% 陶粒，粒径 5~8 mm
100 mm 厚砂层
透水土工布 300 g/m2
300 mm 厚 20~30 mm 砾石层
道
草地
草地
人行步道
1500
300
300
下凹草地
上铺深灰色卵石，粒径 50 mm
50.05
49.88
49.78
花岗石平道牙

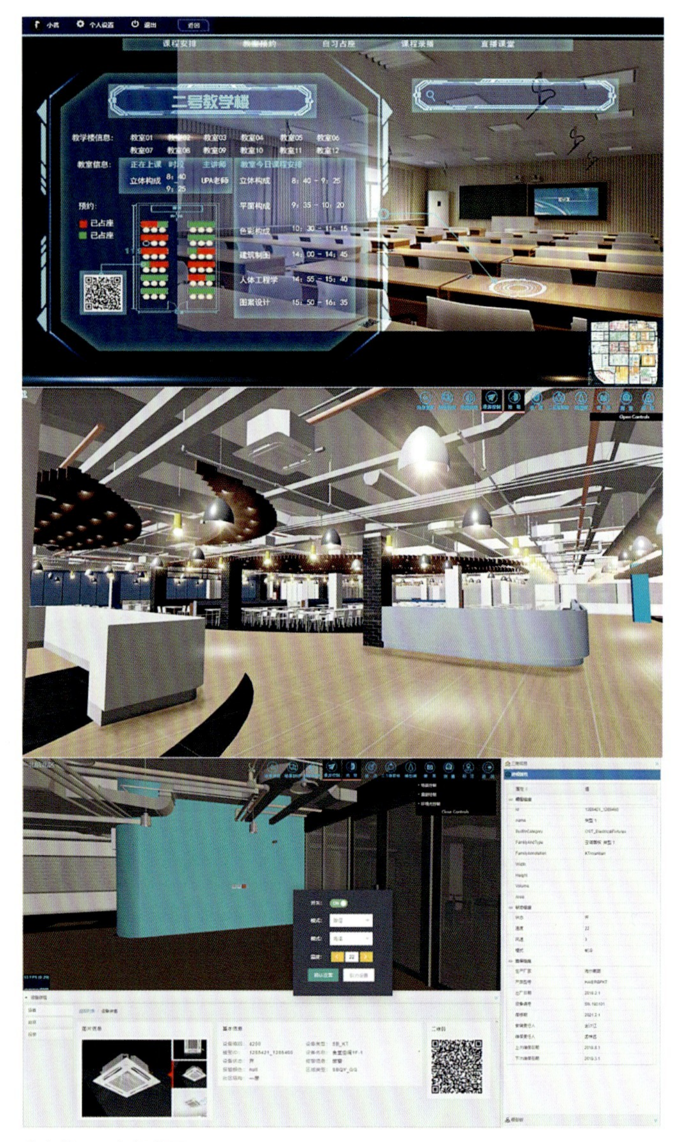

综合管理平台操作页面 1

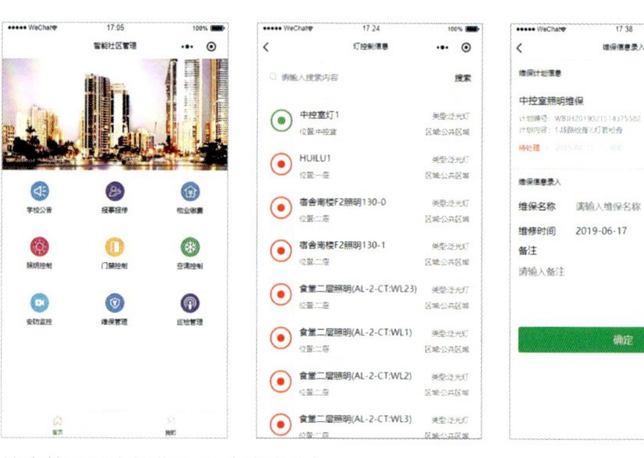

综合管理平台操作页面（移动端）

五、BIM 设计

本项目以 BIM 设计的三维模型为基础，利用数字技术实现了数字孪生过程的综合管控平台，提升了管理能力，减少了人工成本，降低了能耗指标，贯彻了由建筑设计至后期运营维护的全寿命绿色建筑理念。

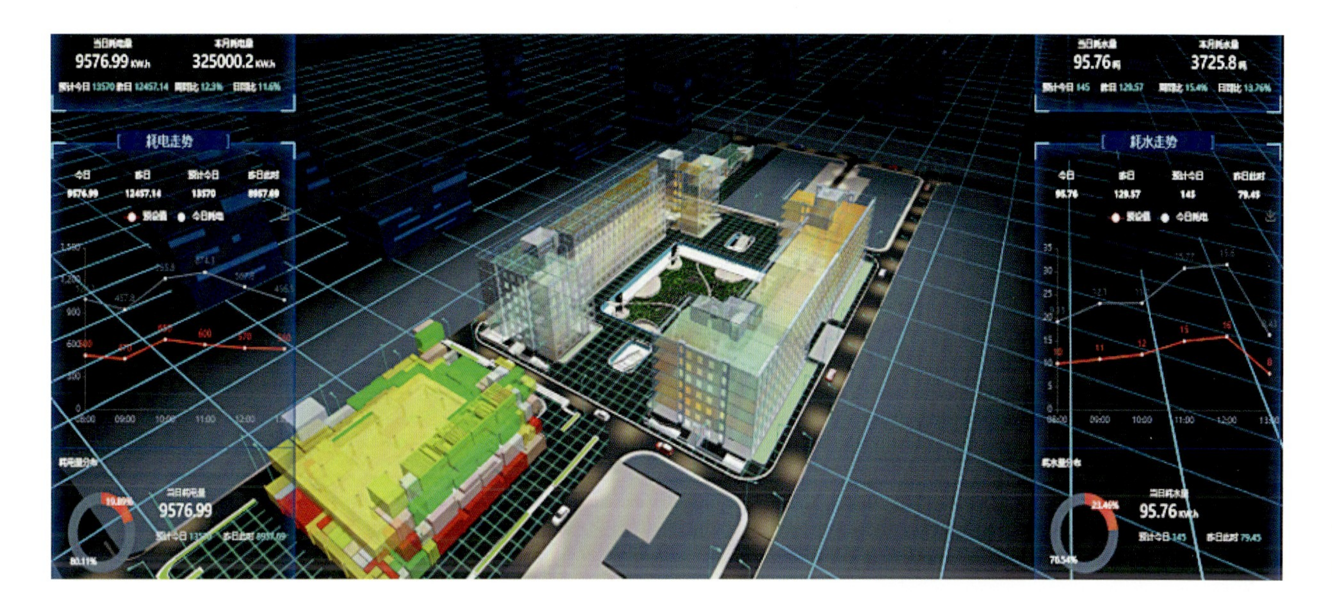

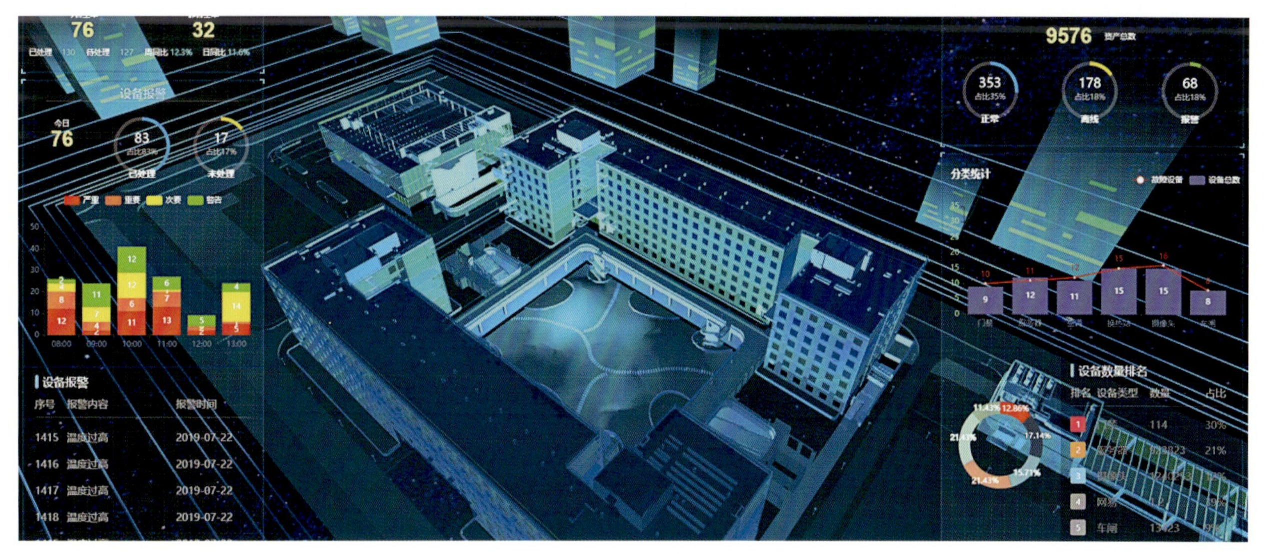

综合管理平台操作页面 2

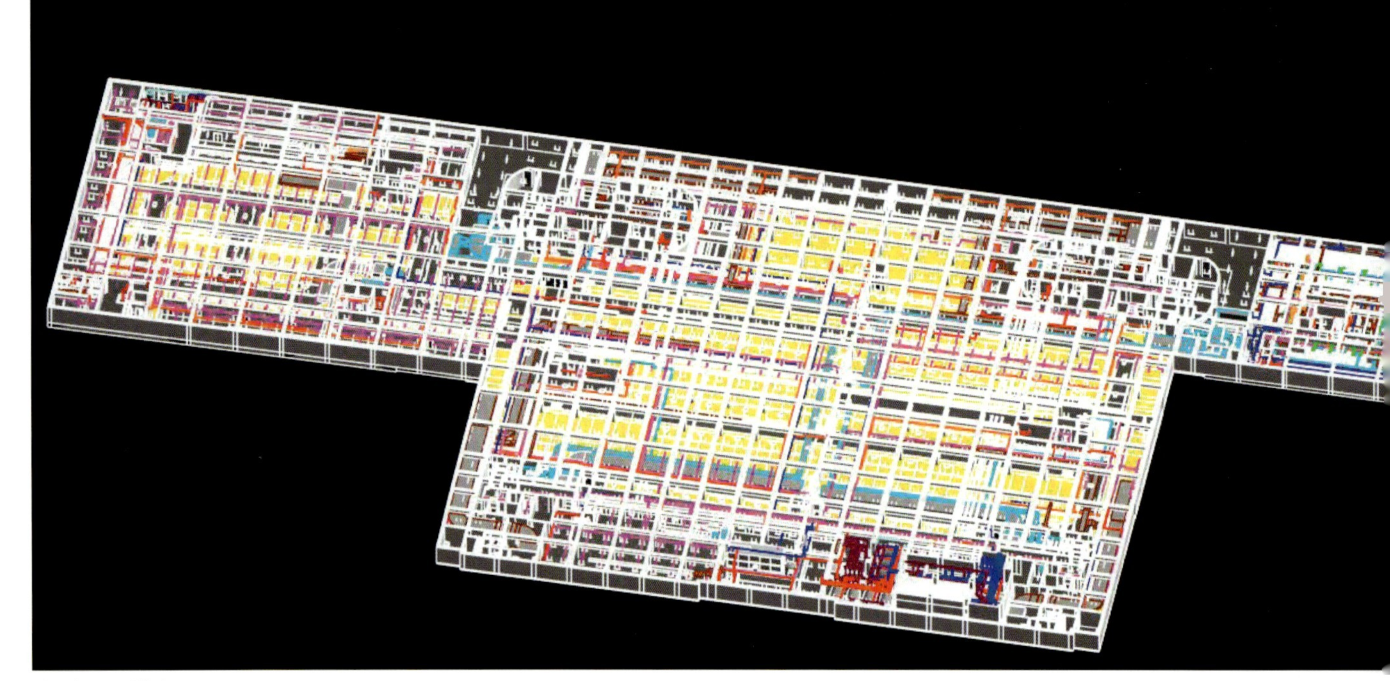

地下室 BIM 模型

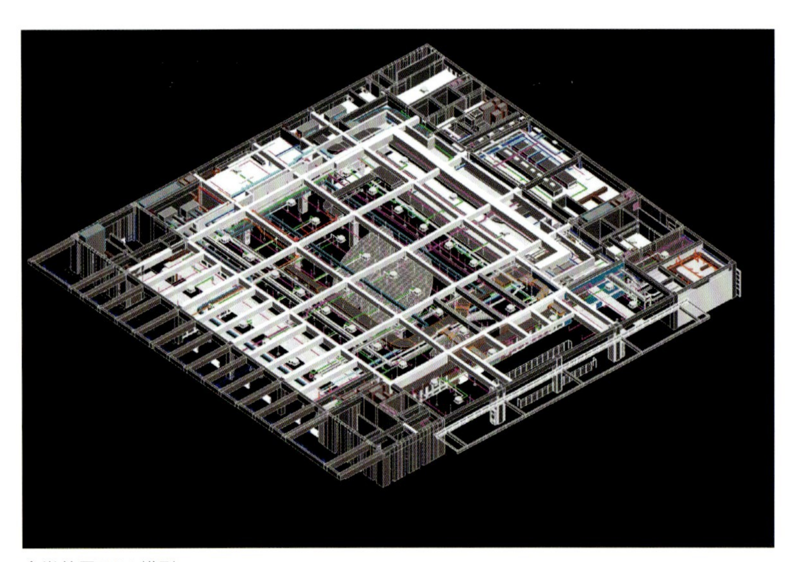

食堂首层 BIM 模型

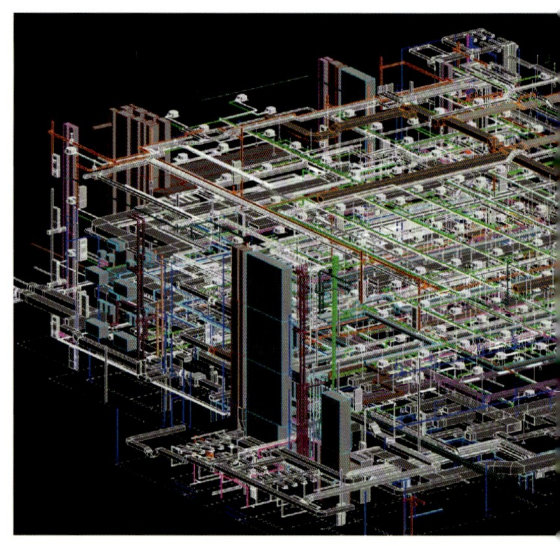

食堂机电系统 BIM 模型

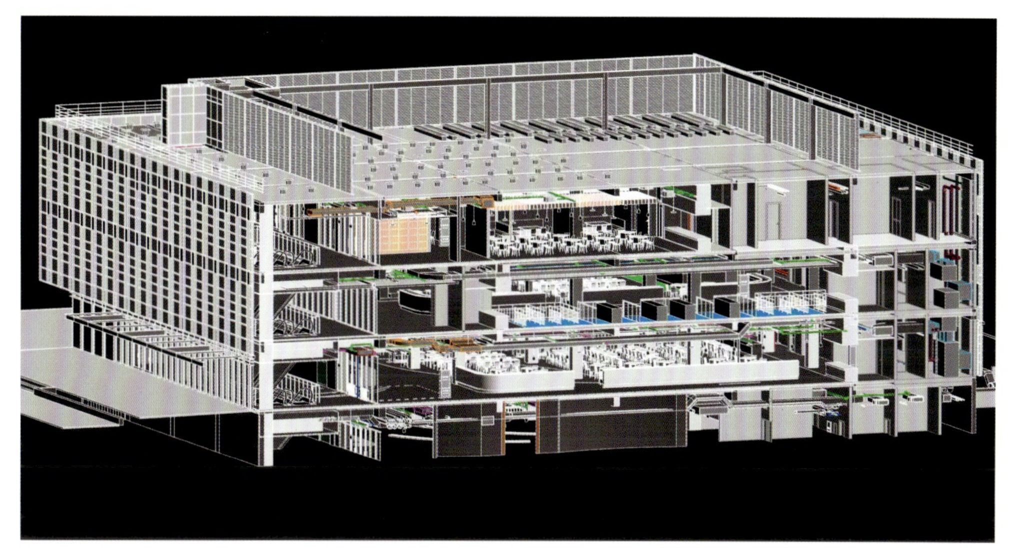
食堂整体 BIM 模型

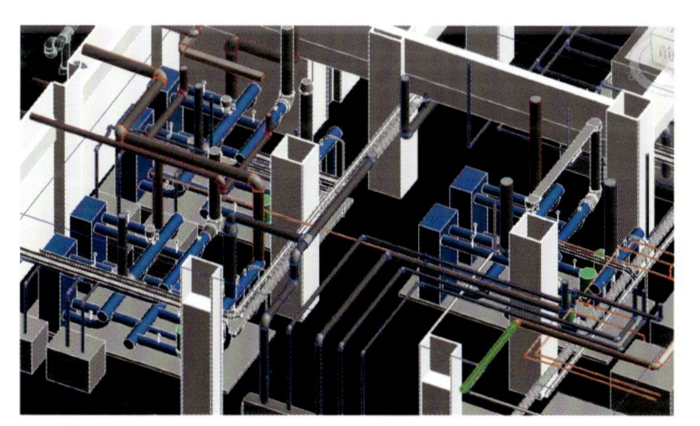
换热机房 BIM 模型

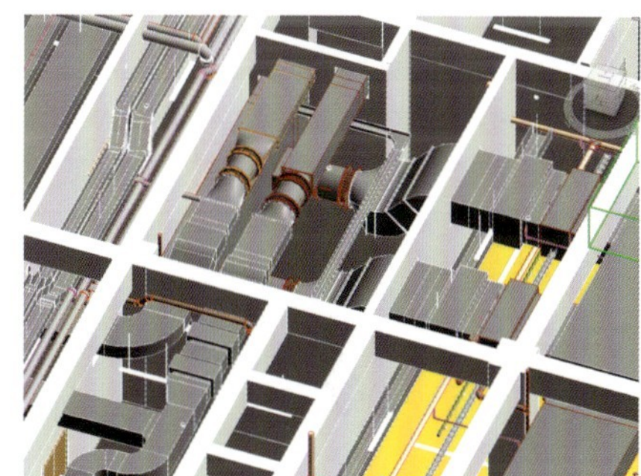
排风机房 BIM 模型

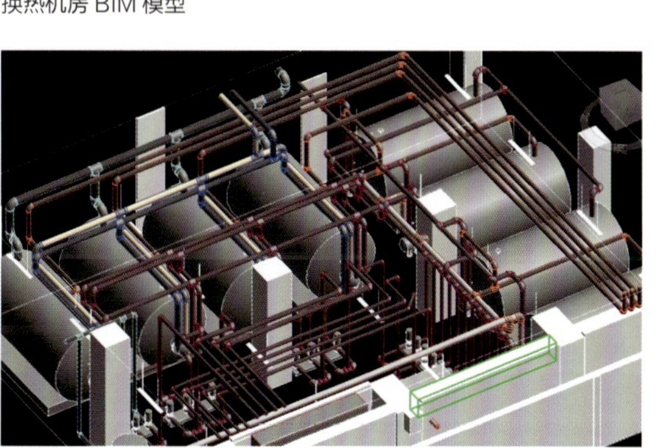
太阳能机房 BIM 模型

车库 BIM 模型

六、13 楼门头局部复建

原 13 楼为北航宿舍，承载了北航师生深厚的校园记忆。为了传承这种记忆，本设计在地下 1 层庭院南侧使用原 13 楼的墙砖，经筛选、打磨，1:1 还原了原 13 楼门头作为咖啡厅入口。复原的门头为新北社区植入了宝贵的回忆。

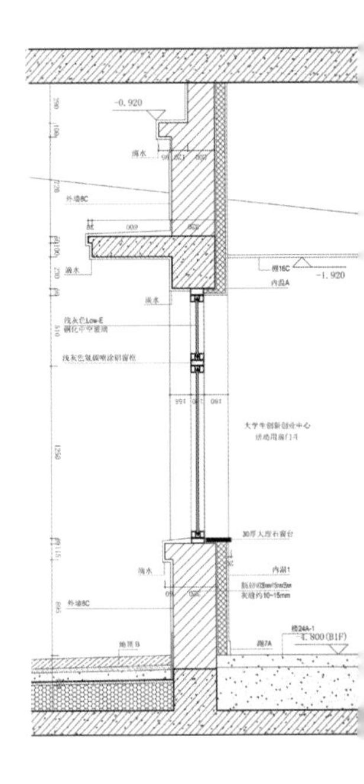

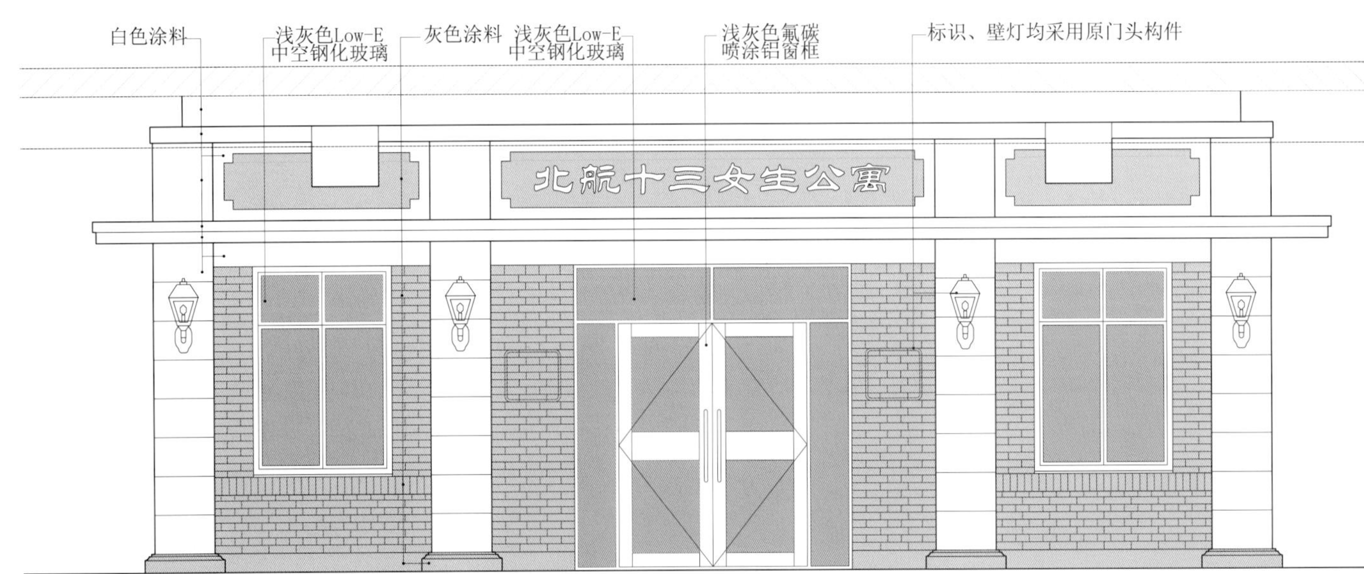

门头详图（图组）

原 13 楼门头

下沉庭院复建门头

施工过程（组图）

七、建筑防水设计

本项目包含多个花池、绿地、下沉庭院空间，为此设计多种防水、排水做法以保证建筑的防水可靠性。

设备机房（组图）

八、机电设计

各机房内专业系统有序排布，管线综合布置合理，便于后期运营维护，体现了各专业协同设计的高完成度。

九、结构转换与悬挑设计

本项目地下局部设结构转换层，在结构体系经济合理前提下满足了建筑空间的灵活使用要求。食堂悬挑区域采用黏结预应力技术，较钢结构大大节省了材料和造价。

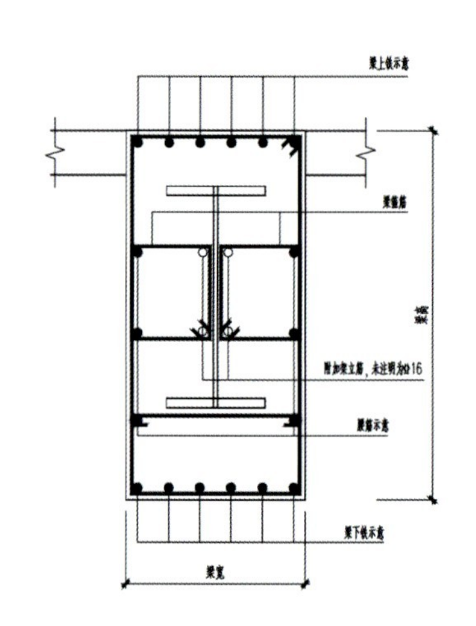

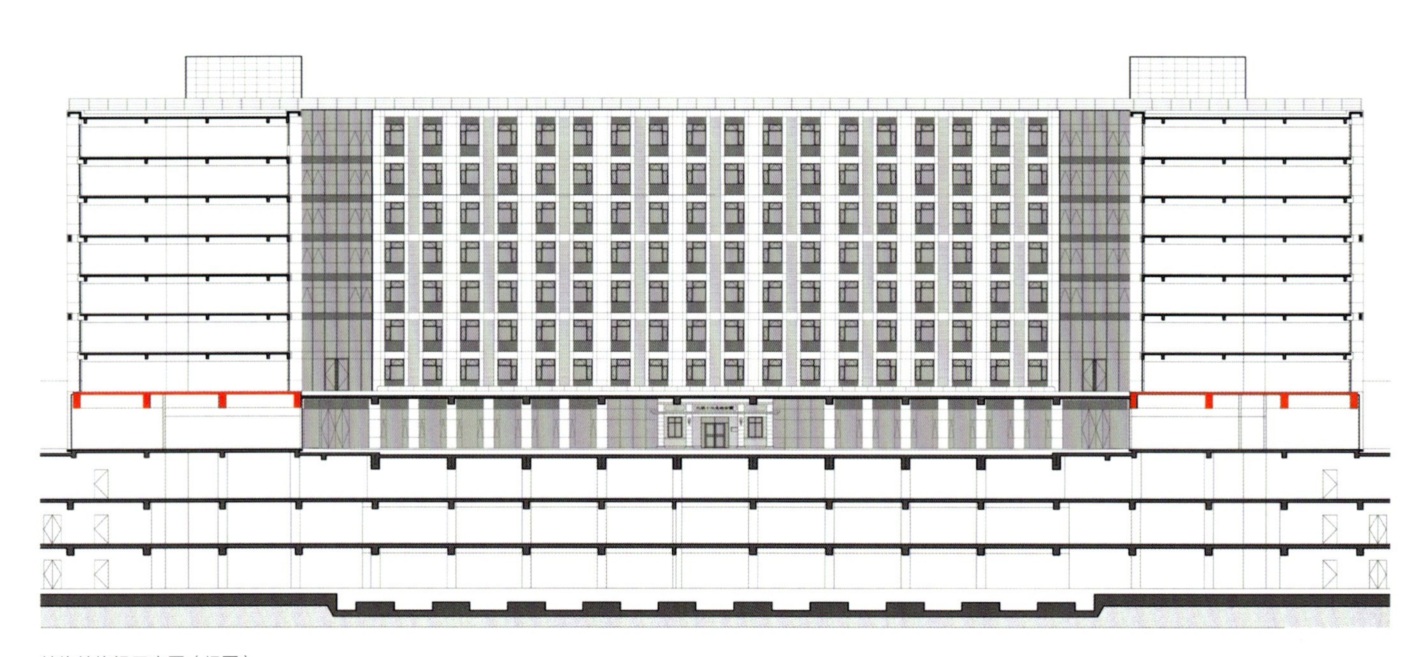

结构转换梁示意图（组图）

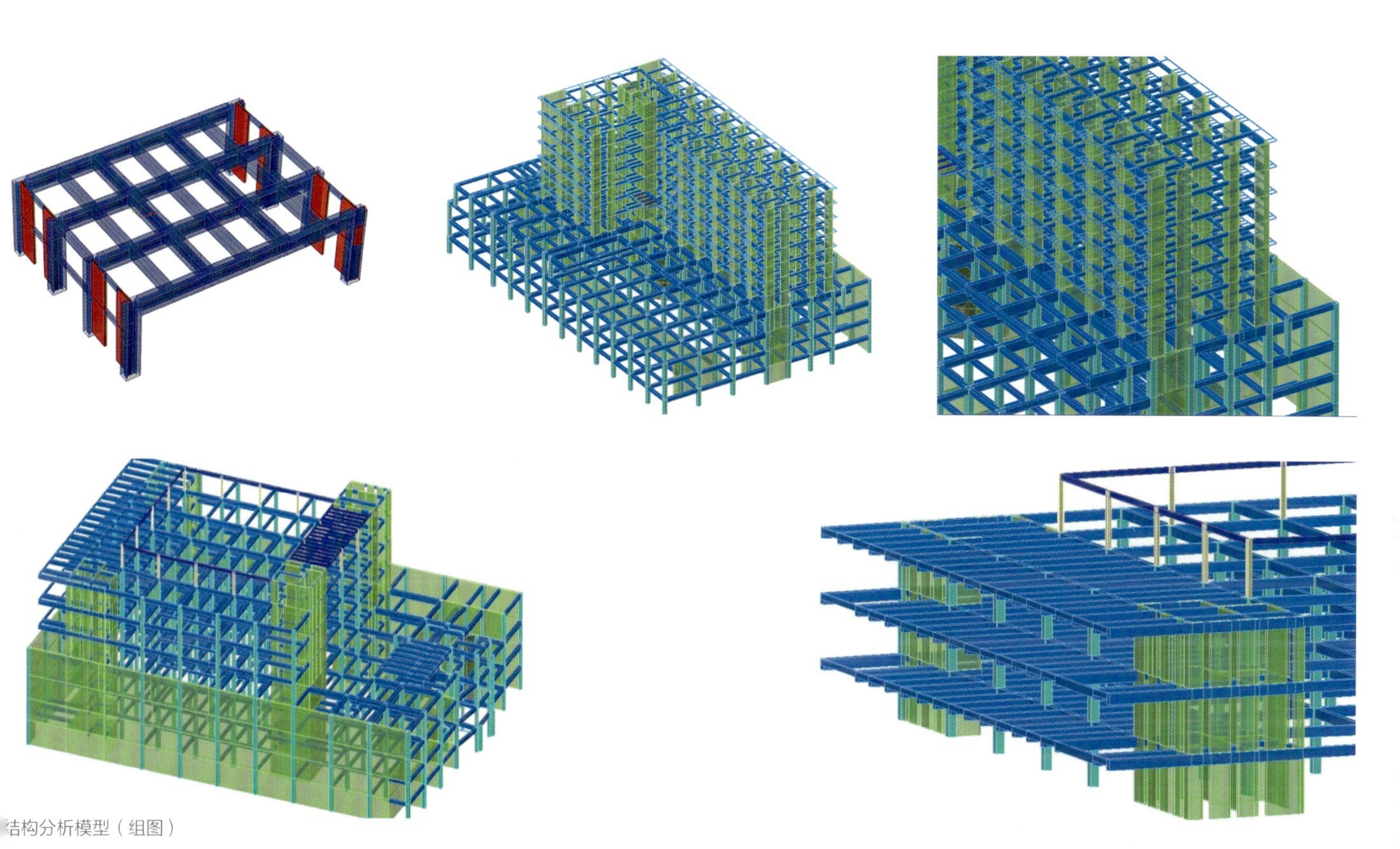
结构分析模型（组图）

施工过程

宿舍下沉庭院

十、幕墙设计

建筑外立面采用浅灰色铝板幕墙，形式简洁、现代，既与校园内风格相统一，又与周围既有建筑相协调。铝板幕墙提升了建筑的外墙性能，有利于日常维护。

幕墙施工过程（组图）

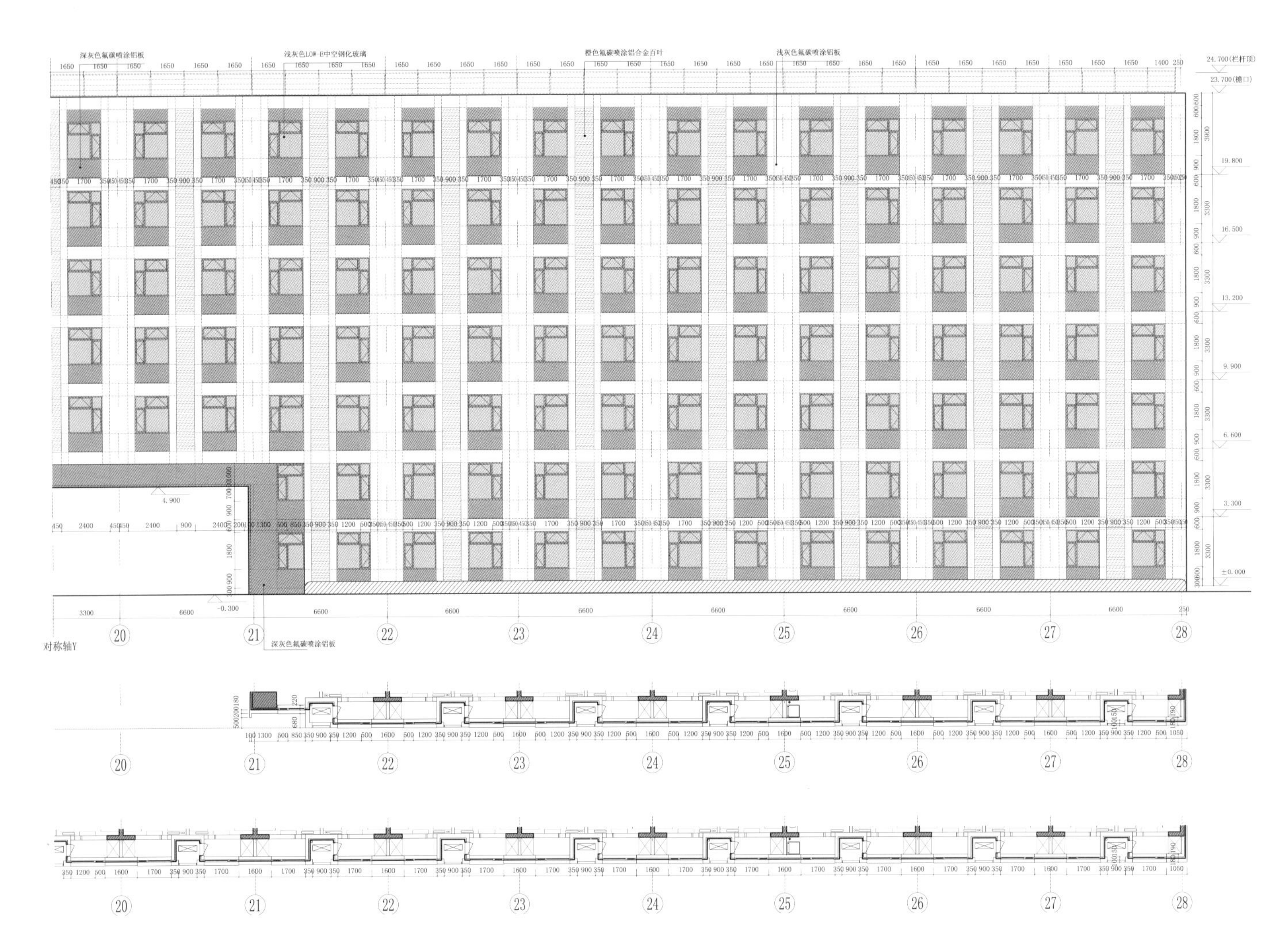

深灰色氟碳喷涂铝板
浅灰色LOW-E中空钢化玻璃
橙色氟碳喷涂铝合金百叶
浅灰色氟碳喷涂铝板
24.700(栏杆顶)
23.700(檐口)
19.800
16.500
13.200
9.900
6.600
3.300
±0.000
4.900
-0.300
对称轴Y
深灰色氟碳喷涂铝板

宿舍幕墙详图（组图）

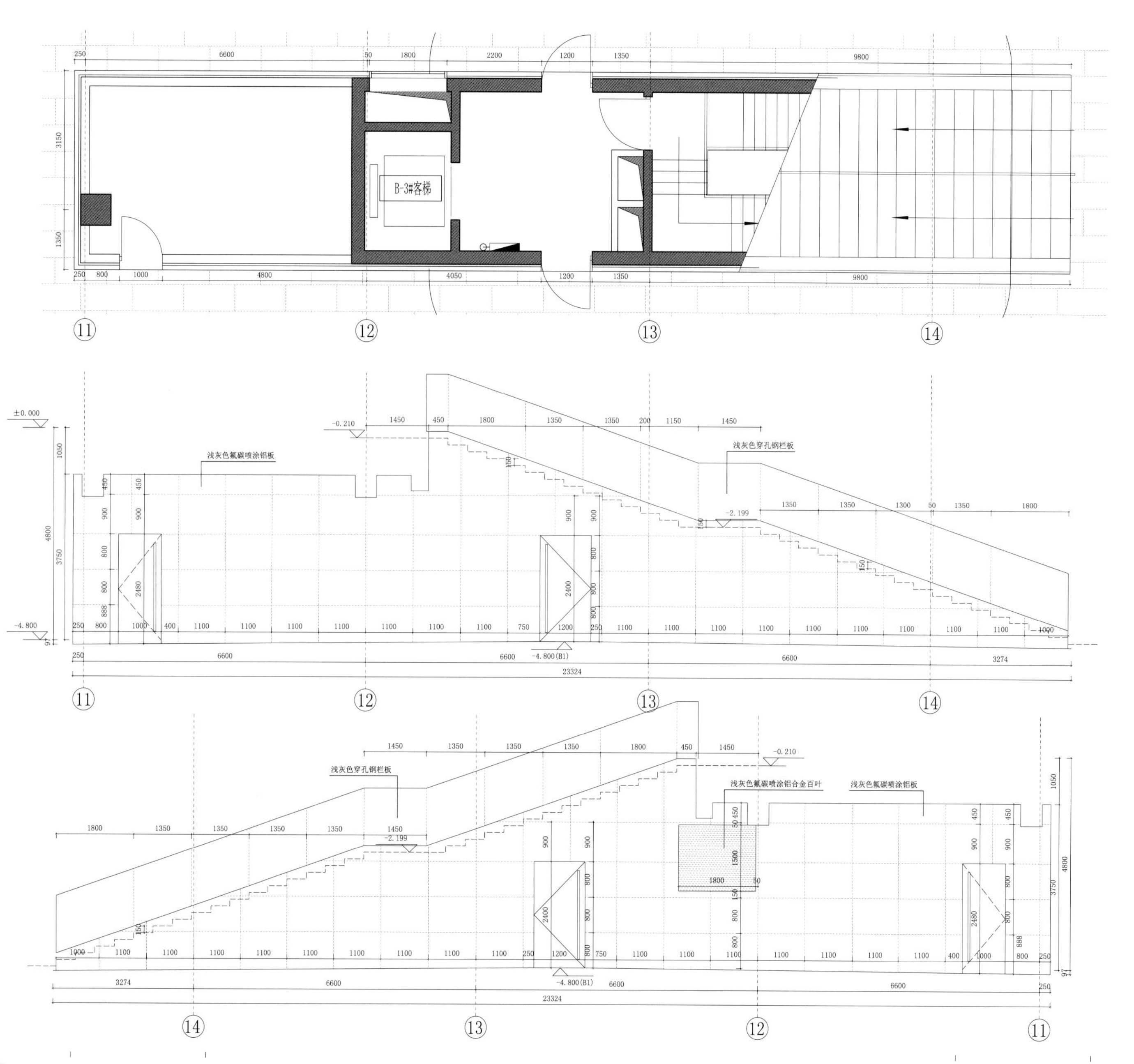

宿舍室外台阶幕墙详图（组图）

十一、厨房设计

食堂地下设置了中央加工厨房，负责供应整个学校的餐饮半成品。其中包含米饭生产线、面点生产线、蔬果类加工区、禽肉类加工区、海鲜类加工区、烧腊卤味加工区等标准加工生产线。中央加工厨房的启用兼顾了安全、高效、高品质等优点，还实现了对餐饮成本的控制，对后勤管理的简化。

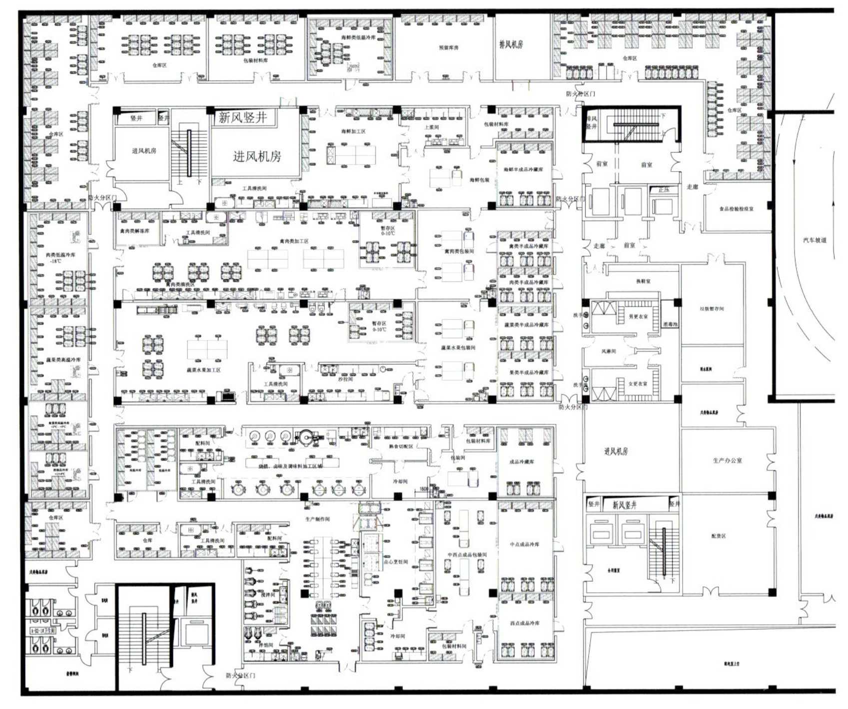

中央加工厨房平面

厨房后厨区

米饭生产线

蔬果类加工区

十二、攀岩墙设计

攀岩墙悬挂于食堂东立面，从地下 1 层的下沉庭院地面通至食堂 3 层，总高约 15 米。攀岩墙作为北航社区的亮点之一，丰富了学生的课余活动。

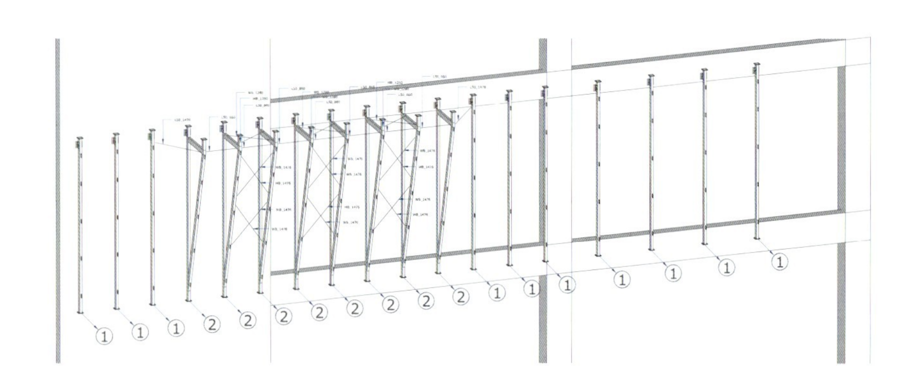

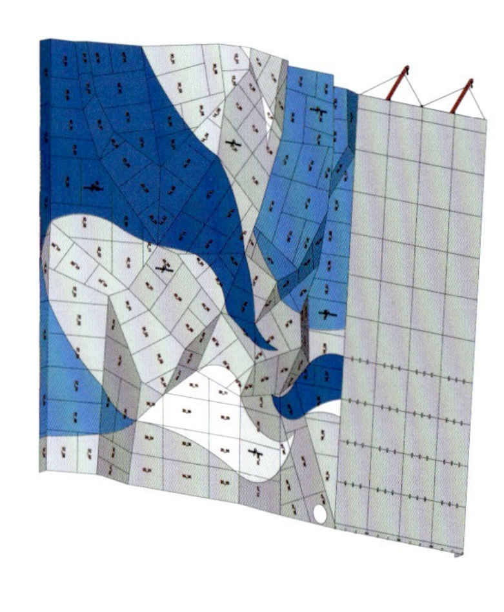

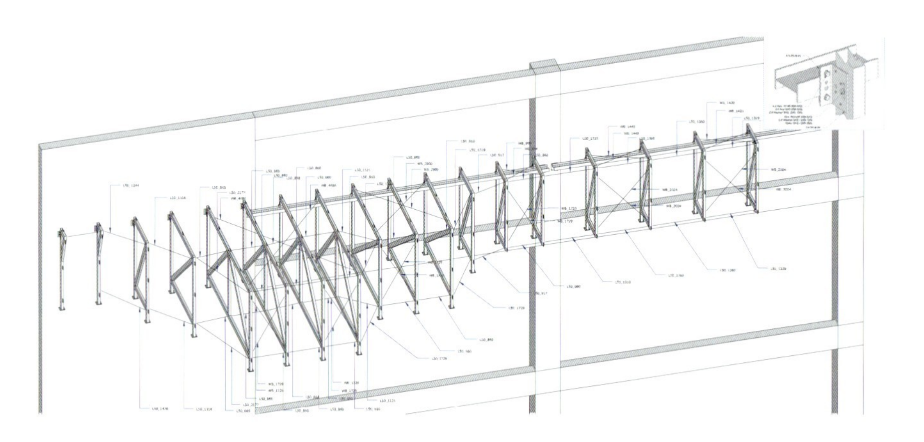

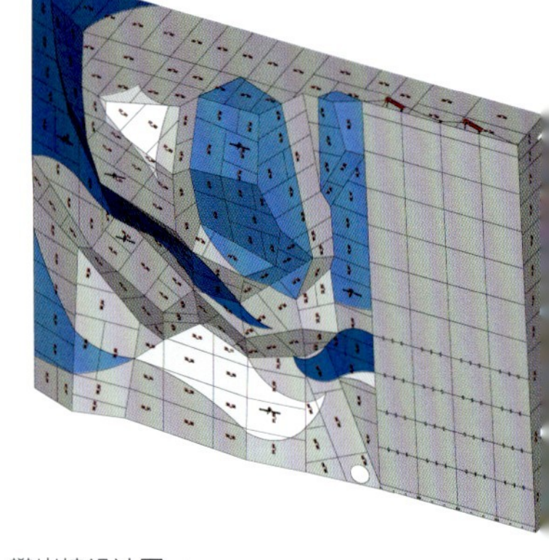

攀岩墙结构图

攀岩墙设计图

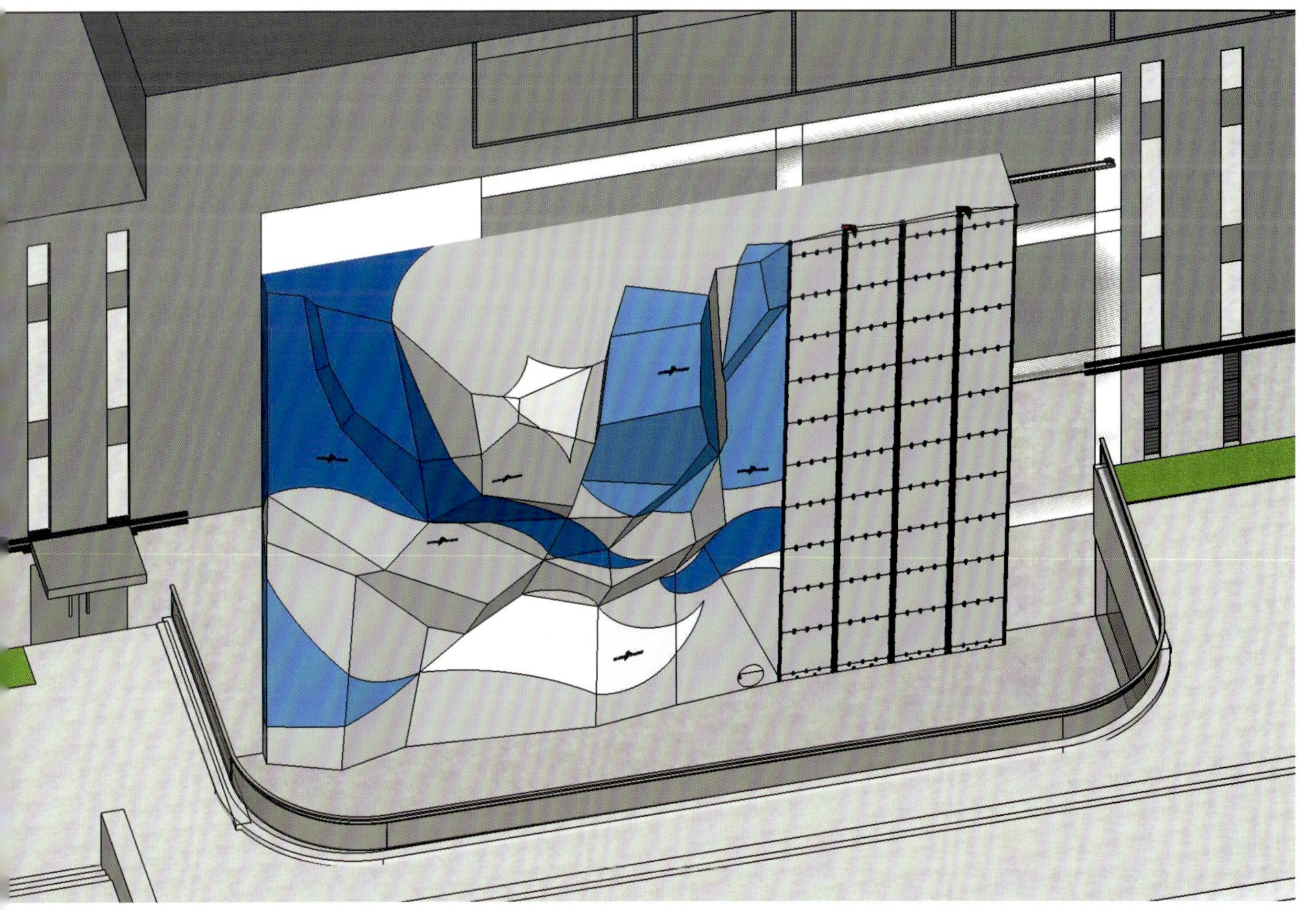

岩墙效果图

攀岩墙与食堂立面图

ENTRE PRISES
ENTRE PRISES

宿舍下沉庭院老门头复原

灿若朝阳　一路北航
——新北成长社区研创札记

2020 年 10 月 30 日，由北京航空航天大学校园规划建设与资产管理处、北京市建筑设计研究院有限公司创作中心叶依谦工作室、《中国建筑文化遗产》和《建筑评论》编辑部联合主办的“高校社区化升级更新设计暨《北航新宿舍组团设计》图书研讨会”成功举行。会上，建设、运维管理方代表及学生代表共同讲述了“新北”生活的真实感受与现实场景，通过一次别开生面的工程回访，梳理了北航社区设计的“长成印记”。

2020 年以来，疫情的封闭促使高校等聚集性场所的管理者们重新审视健康空间的概念。“新北”社区即北航宿舍食堂社区综合体的研创，营造了健康、安全、方便、舒适、易学习的人性化高校社区，从为师生服务的角度，给校园生活开创了新的示范模式。对于新北区的规划设计，北京建院叶依谦团队的建筑师的认知方式、思维方式乃至从细微处为学生们安排生活空间的周密做法，都对行业有着借鉴作用。如果说 15 年前由叶依谦总建筑师主持设计的北航新主楼，为北航校园乃至中国高校提供了重要且独具特色的教研环境，今日似家园般温馨的新北区，则从学生需求出发，融自然景观、场所文脉与精神趣味于一体，创造了返本开新、志逸神清的超凡社区空间。实践证明，已成新时代校园印记的“新北”社区，不仅为当年北航唯一的女生宿舍“公主楼”留下印迹，更成为代表栖居梦想的高校社区建设典范。通过对会议内容的梳理，愿以更广阔的视角为这座好建筑发声，从不同维度展现设计理念和建设历程。

一、北区旧貌——风雨印记送别离

1951 年 3 月 7 日，教育部召开全国航空系、科负责人会议，讨论有关积极配合国防建设，有效集中使用力量培养航空建设人才的问题。1952 年 10 月 25 日，值抗美援朝两周年纪念日，经党中央批准，北航的前身——北京航空学院作为新中国创建的第一所航空航天高等学府正式成立。

北航主校区初建于 20 世纪 50 年代。1953 年 6 月 1 日，第一栋教学楼——一号楼举行奠基典礼，同年 10 月，学校正式开学。一号楼的图纸是中国人自己设计的，建筑规模 60000 平方米。那时北京市少有这么大规模的建筑。为早日完成建设目标，全校师生在课余时间还承担起了繁重的建校劳动。至 1954 年一号楼交付使用时，第一批入校新生已在工地简陋的工棚里上了大半年的课。

初期学习环境的艰苦并未熄灭北航学子“航空报国”的理想，这

高常忠

尚坤

刘静巍

丁卫城

邱真

叶依谦

陈震宇

陈禹豪

金磊

董晨曦

所“红色工程师的摇篮”孕育出无数震惊世界的大国重器的设计者。与此同时，老北区校舍也伴随着报国梦想“一路北航”。初期校园规划秩序严整，北区作为宿舍区，默默承载起学习生活的静谧与喧嚣。而作为一所传统工科院校，宿舍群中最吸引眼球的当属拥有北航“公主楼”美誉的 13 号女生公寓。这栋四层宿舍建于 1957 年，公寓门正对“绿园”，在近六十年的时光里，紫藤下这片幽静闲适的空间经历了无数聚散离合，见证着北航人青春流转的岁月。

然而，六十年光阴在风雨中刻下的印记慢慢褪色，变成了脱落的墙皮和锈蚀的管道。“绿园”的紫藤依旧讲述着年少的思绪，但

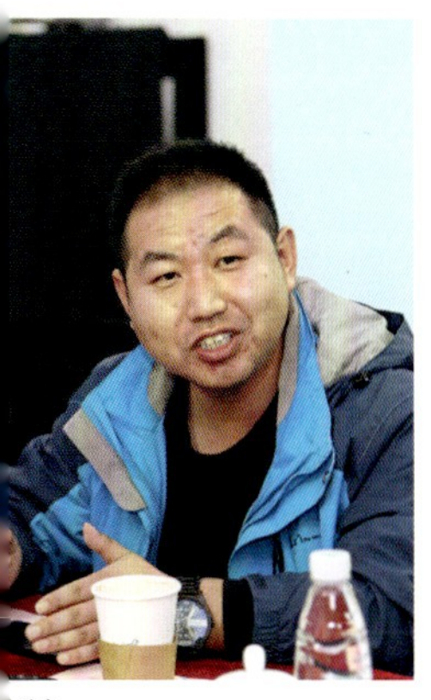

张斌

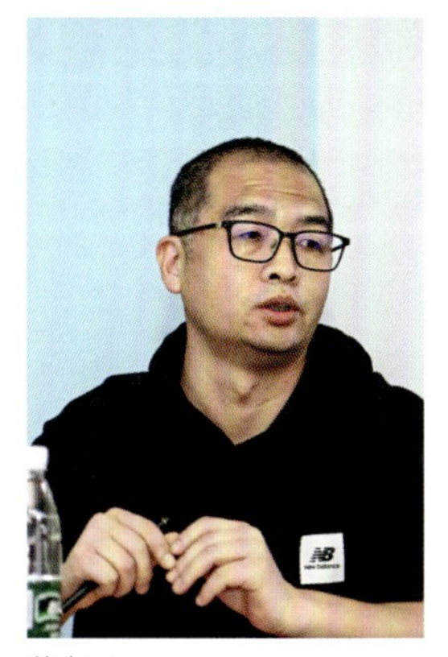

苏中元

颜江芬

雷池

杜荣君

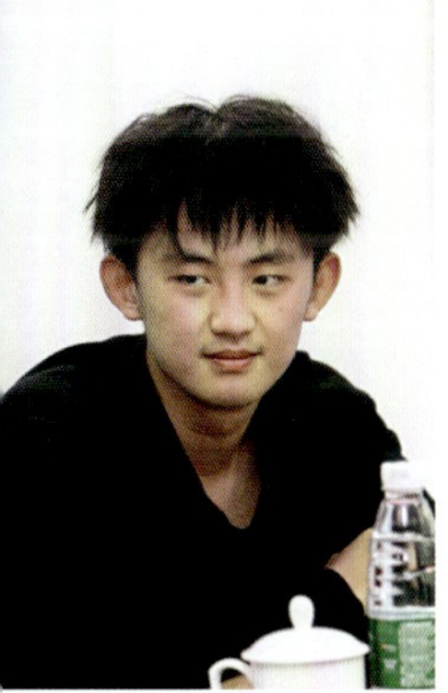

张洪康

曹泽鸿

潘凯

刘尧书含

建筑的衰颓已不可遏止。数次工程浩大的抗震加固已无力扭转结构的老化，旧有的规划也因规模扩张导致的持续性用地紧张而被打破，从前宿舍楼之间可以弹吉他聊天的空地，慢慢被剥离出生活的半径，取而代之的是知青工厂、学生浴室、垃圾站、后勤用房和食堂。见缝插针式的建设令整片区域失去昔日光彩的容颜，只有街角零散的几棵树、几片草坪还在诉说着光阴荏苒。

在这样的背景下，为了给师生提供优质服务，在提升学习生活条件的同时重塑优美校园，校领导下了重建北区的决心，让满载着学术传承的“北航以北”，在新的青年生活成长社区重新绽放。

二、北区新颜——妙思巧技育新生

新北区的规划始于 2015 年年初，经过漫长的审批，终于在同年 7 月拿到了北京市规划委员会的批文。

（一）为造诚品争毫厘

新北区的建设卡在了北京市转向“减量发展”的关键时期，为了给更新城市、有机改造及微循环留以机会，北航率先扛起了“拆一平方米，建一平方米”的大旗。然而，面积极大的一片区域，拆除后只能建 4 万平方米，这样小规模的建设量远远不能满足校园发展的用地需求，更无法解决校园升级的基本任务。紧张的投资与建设预期造成的落差，成了笼罩在项目指挥者头上的一块愁云。“照这个建法，耗费如此巨大的财力、物力，结果建成后只是改善了住宿条件，连一间宿舍都没增加，我们将无法向学校、向历史交待！”时任校园规划建设与资产管理处北区项目部负责人高常忠处长拿着一纸批文，眉头紧锁。那些天他睡不着、吃不下，天天“顶着门”搞内外协调，却仍然争取不到哪怕一平方米的松口。谁能从策划、设计上面帮北航想出万全之策呢?

突然，他想到了一个人。

叶依谦，时任北京市建筑设计研究院有限公司副总建筑师，2003

金磊主编回顾叶依谦《北航新主楼设计》一书编撰经历

研讨会现场

年他设计的北航新主楼号称“全亚洲最大的单体教学楼”，获得过全国勘察设计行业一等奖。这一作品将多栋教学科研楼整合成一个院落式布局的建筑组团，形成了有着强烈秩序感的建筑空间形态。再加上后期致真大厦的合作，多年产生的默契和信任，让高常忠将最后的希望寄托在了叶依谦身上。

（二）精准规划巧革新

建筑是无数边界条件的产物，建筑好不好用，一句“人本设计”远远不够，而是要从管理与发展需求反推合理的设计，从具有前瞻性的使用需求明确项目的定位，因此顶层设计和统筹十分关键，这对建筑师和业主的配合度提出了更高的要求。在前期规划中，有时为了讨论一个功能，规划资产部门、后勤部门、学生会等方面会针锋相对地提出不同意见。经过充分探讨，方案利弊更加明晰，建筑师能够更有针对性地满足业主诉求，设计出解决痛点的方案。叶依谦将北航的学校风格形容为“钢铁直男”型——作为一所传统的工科院校，北航的业主不仅明确知道自己想要什么，还拥有专业素养强大的管理团队，因而在上通下达中，建设意图能够清晰、直接地传递给设计方。如果规划阶段考虑不全面，完全寄希望于后期弥补、甚至改变使用定位，项目的先天不足在建成后将是难以补救的。

接到任务书后，叶依谦立即率团队介入，在项目策划前期重新梳理了整个片区的规划。校方想要的不仅仅是一栋楼，还有建成后对校园及周边的辐射带动作用。因此在充分调研建设方向后，设计团队打破了传统高校宿舍联排式的布局方式，决定打造一个综合化程度极高的“中央围合式社区”。

项目地上建筑总面积只有 4 万平方米，这是板上钉钉的硬性规定，为了把区域整体规划做到极致，必须将许多拆解校园整体性的社区服务功能藏身于地下，采用“地上地下，面积倒挂”的手段向下要空间，充分整合，提升综合品质。

面对地上面积紧张、地下功能复杂、整体流线交错的挑战，设计团队提出以“双 C”围合中心庭院的基本构型，形成地面交通和地下庭院交叠的“双主层”模式。首先利用地下一层近 6000 平方米的下沉空间，安排大学生创新创业中心、学生食堂、攀岩咖啡区、便利店等功能空间，以东西两座庭院衔接，通过室外台阶、庭院开敞柱廊、半室外通廊等空间元素组织地下交通流线。其次，地下空间下挖深度达 18 米，除安排风机管网、仓储库房等设备设施，还排布了 800 余个停车位。新楼落成后，原本杂乱的地面空间实现了人车分流，在保障人员安全的同时，极具前瞻性地缓解了校园及周边家属区的停车压力。整个北区宿舍食堂地下总建筑面积达 7 万平方米，基本做到了该地区承受容量的上限。

（三）力排万难严把关

前期设计完成后，项目正式进入施工阶段，新的挑战又来临了。

北航校园建设初期旧影（组图）

北区整体地块的拆迁工作从 2016 年的中旬开始，拆到年底土方开工，前后经历了雾霾、暴雨等多种恶劣天气，一共 40 万方土，一直挖到第二年冬天才终于挖完，生生挖出了当时海淀区所有工地里最大的一个坑。“施工最怕的是塌方，那年的雨又特别大，一下雨我就紧张得要命，带一队人下井查看漏水点，就怕冲塌了。遇到冬天漏水，还有好多冰柱往头上掉。”高常忠谈起工程项目管理的点点滴滴，依然心有余悸。“赶上秋冬雾霾，环保监察严格限制建筑垃圾的倾倒，城管就在校门口守着，哪个运渣车出来扣哪个车。那边都盖到二层楼了，这边土还挖不出去。” 地下作业成本极高，施工难度很大，管项目的人急得火上房，施工方也毫不懈怠，寒冬腊月依然紧锣密鼓地抢工期，确保质量和进度。

经过两年的奋战，2019 年 2 月，项目正式由“建设段”转为“试运行段”，物业开始进驻，食堂准备运营，随着各项验收工作的收尾，新北区项目终于告一段落。校园规划建设与资产管理处将项目的各项资料非常完整地保留了下来，这份教科书式的资料对今后的高校建设有着十分宝贵的借鉴意义。

（四）岁月遗珠在人间

在北航这一浓缩着新中国历史的代表性高校中，北区宿舍是北航校园历史研究的重要方面，其历史特征认知与价值共识已在历届师生中形成一缕挥之不去的校园乡愁。听说原来的学生宿舍要拆，好多北航校友从全国各地赶回来，只为再看一眼记忆中的母校。秋日的午后，宿舍楼前高大的树木已被移走，大开的门洞发出呜咽的低鸣，温柔的风裹挟着裸露的黄土，守着岁月沉淀的最后一份矜持。5 栋宿舍楼倒下的那一刻，历届师生的悲欢化作一片瓦砾，却有鲜活的记忆从废墟中重生——建筑师将打磨、筛选后的灰砖悉心保留，其后在地下 1 层的咖啡厅入口，以局部复原 13 楼老门头的方式，保持了建筑遗产的“可识别性”。旧时砖瓦依然诉说着前尘往事，门口停放的老式自行车等极具年代感的物件，将来访者带回时间的维度里，带回风华正茂的青春里。

建筑被称作凝固的艺术，一是建筑形体本身的艺术感，二是时间的积淀给建筑本身赋予了凝固的历史性。叶依谦团队敬畏历史，以传承与发展的视野呵护着这份 “乡愁”，为北区营造了一个有远见、高标准的现代高校社区。老门头这一处“可触摸的历史”，不仅是承载记忆的场所，未来还将作为北航校园文创中心，通过丰富的设计比赛形式，以多种载体衍生出极具北航风格的校园文创产品，让北航的学术和人文历史通过文创的形式走出去。这里有自然映射，有智慧硕果，更有用设计改变生活的创新角色，无疑会使母校形象更加丰满。

三、设计助推——人文体验 独特表情

与多数高校园区不同的是，整个北航大院里除了学生、老师，还有居民、中学、小学、幼儿园，这是一个庞大的社会体系，相对封闭但又完全开放，各类人群的诉求都不一样。新北区虽然只是一个学生宿舍项目，但其中承载的公共服务对学校的辐射影响、对新型城市化建设、对创立有特色的高校性社区意义重大。而且除了过硬的学术优势，学校服务性的硬件配备也成为择校的重要考量。所以从学校的角度出发，校园管理者对宿舍食堂的重视绝对不亚于图书馆、教学楼，校方希望以这一项目带动整个区域的提升，并在未来的发展中延续规划理念，优化整个校园环境。

高校学生社区是学生们长期生活、学习之所，这一团体的社区认同感、归属感极强，决不能将其设计成一个游离于社区与城市之外的文化孤岛，其设计至少应体现如下几点。其一，社区交往空间从物理空间向网格空间的转化，实现学生的社会支持，包括心理空间与精神空间的塑造。其二，学生的社区交往从人际交流向人机对话交互的转化。其三，学生社区追求丰富多彩的信息来源。从增强学生幸福感出发，叶依谦团队的设计犹如欧美倡导的“社区睦邻运动”，体现了社区的互助、自治及群体意义，意在将“新北综合体”打造成一个具有生命力的社区地标。

（一）精品宿舍远名扬

新北区宿舍有近千个单元，每个都有独立卫生间，因此各个环节的设置都要特别谨慎，一旦出错，这个错可能会重复一千次，会给物业维护埋下很大的雷。大到要不要内嵌独立卫生间，小到水龙头的样式、床的高度，设计团队反复调整样板间，深度调研、试验各种细节，谨慎记录了每一个数据，最后才敲定了现在的设计方案。可以说，为了打造高品质社区，设计团队严控“该注重品质的一分都不能少，该节约的一分也不多花”的标准，在选材时充分平衡投资与维护的关系，争取耐用、实用、好用。比如外墙选用了高校宿舍项目中极少使用的铝板材质，虽然比较贵，但优点是能保持20年免维护，除了会有略微氧化造成颜色变化以外，耐久度极高。据入住过北航四个校区宿舍的老学长反馈，新北区的住宿条件无异于高校中的“总统套房”，这样的评价源于真切的对比，也反映出建设者的心血。

（二）智慧食堂暖人心

北航拥有全国高校第一间中央厨房。在传统观念里，中央厨房是品牌餐饮连锁店的标配，也许有人质疑，投入这么多技术和资金，能给学校带来什么效益？其实，在高校食堂里，食品卫生是大前提，食堂又是一个相对独立的个体，涵盖了生产、销售、安全、服务等

多个维度，所以统一配送、统一加工才能最大程度守住食品安全的底线。中央厨房可谓北航一次大胆的尝试：将适合标准化生产和统一配送的产品全部交给中央厨房，初加工成半成品，统一规范配料，送至下级食堂由后厨进行再加工，避免交叉污染。除以上常规操作外，北航还创造性地引进三条高效加工生产线——米饭生产线精准控温控湿，达到了“用一级米做出特级口感”的标准；面条生产线完全杜绝了未知食品添加剂，比妈妈的手擀面还要筋道；蔬菜生产线采用全自动超声波清洗技术，高效过滤杂质，解决了人工清洗不到位的难题。三条生产线牢牢把控着“口味的标准化、制作的集约化、原材料成本标准化”三个维度的要求，在一定程度上缓解了管理难度和对厨师个人技艺的严苛要求。习近平总书记早在 2013 年便提出“厉行节约，反对浪费”的倡议，经过 2020 年新冠肺炎疫情的冲击，国家从粮食安全的角度出发，再次提出“鼓励有条件的单位建设中央厨房”。对照此，2015 年北航就已经将建设中央厨房纳入新区规划，可谓走在时代的前列。

此外，北区拥有规模巨大的集约式库房，承载着集中配送、集中存储，成本把控、市场调节等多种功能，这些优势无论在内控管理还是经济把控方面，都有非常实际的体现。比如 2019 年年底全国经历了一场猪肉大调价，通过预判，食堂赶在涨价之前做了批量仓储，平稳了社区食堂价格，广受师生好评。

在食堂的空间设计方面，设计团队在深入调研的基础上，以开放式的空间模式打造多样化用餐场景。食堂共分 4 层，除保障吃饱、吃好的基本要求外，还引入了融合菜、港式茶餐厅、火锅等多层次的特色就餐体验，满足了不同人群的口味选择，营业至 11 点的深夜食堂更是慰藉了无数求知的灵魂；2 层的多功能大厅预留了小型舞台，可承接学校大型活动，是对室内公共活动场所的有

北航老教学楼旧影

研讨会现场（组图）

力补充；宽敞的选餐区在用餐高峰期人满为患，是非常有前瞻性的预留。通过动态空间的打造，以及物业的优质服务和智能化的管理手段，食堂不再是一个单纯解决吃饭问题的地方，它能够与师生产生一种有温度、有价值的互动，舒适的体验让每位学子感受到家一般的温馨。

四、智能运维——科研攻坚同推进

（一）系统集成靠平台

近年来，建筑设计应用 BIM 模型成为常态，BIM 技术与设计创作已全面融合，但尚未有 BIM 技术在建筑运维及全建筑生命周期中成功应用的例子。“如果把 BIM 模型存进档案室里，只在交流展示的时候拿出来，证明我们曾经做过这个东西，它的生命周期就基本宣告结束了，花这么大力气制作了模型，为什么不把它用在运营平台里边？”在一次新北区方案讨论会上，弱电工程师张斌提出这样的疑问。

在无数个属于新北区的“第一”当中，北航对智能化社区的打造格外亮眼。这也是在全国范围内首次尝试把 BIM 模型延伸到后续运维之中。智能化实现的前提，是要使人方便、节约造价、降低管理成本。北航智能管控平台拥有几十项系统集成，从传统的水、

电、管线等建筑设备管理系统，到消防自动报警系统、公共安全系统（报警、监控、门禁、人脸识别、停车场管理）、信息引导及发布系统、设备与工程档案管理系统等，BIM 模型在建筑全生命周期里持续发挥着作用，实现楼宇信息的高度共享，堪称运维当中的指南针。

传统概念上的智能化并没有让各个系统交互起来，完全是各管各的状态，只能单一执行某一指令。报警点一出，还需人到现场确认出了什么问题，再委派有相应经验的工程师二次确认后进行维修，使用效果大打折扣。新北区搭建的智能化系统集成平台，真正集成了所有内容，只要有一个点出现问题，无论是管件阀门还是门窗，各环节之间不必经过平台下发指令，完全自行交互，能够在第一时间作出反应。比如摄像头通过人脸识别发现入侵人员，可直接给门禁下发封闭指令，报警通知安保人员，迅速掌控事件的发展进程。这样及时的信息处理有赖于强大的数据支撑。强大的数据计算能力不仅能指挥物，更能指导人，经过数据分析后甚至能通知维修人员怎么修、带什么工具去修，运维的人员成本也就此降低。这是北航智能平台的一大亮点与创新。

（二）社区管控新思路

一体化控制在节约成本方面有着天然的优势。以食堂里最简单的开关灯为例，在巨大体量与空间中，开关分布在各个角落，每天开关灯都要专门配备人员，为了这一件小事可能得花一个小时才能走完全程。而在一体化控制下，只需把分区设置的排烟风机和灯光控制集成在一块小小的数字液晶屏幕上，指令一键即可完成。因此，类似机械开关这种数量庞大的末端没有了，节省造价的同时也节约了人力。这样的例子不一而足，已渗透到使用场景的方方面面，使得管理方和使用者切实感到舒适和便捷。

BIM 模型的应用对运营管理效率有一个非常大的提升。北区食堂投入使用两个月以后，学校提议增加食堂座位。事实上每个椅子、每张桌子摆放的位置，都是前期硬装设计的时候布局落地的，如果贸然加进去 100 个座位，一定程度上会破坏整体装修效果。于是，运维方利用 BIM 模型重新进行整体布局，只花两个小时就定稿了新的排布方案。如果没有 BIM 模型，还得用 CAD 重新画图，重新生成效果，至少需要 3~4 天才能完成，BIM 技术的应用极大降低了时间管理成本。

以前，资产管理是一个很虚的事情。有些资产是人接触不到的，它的状态无法掌控。但是有了平台之后，楼里所有的资产全都在系统里，所有的信号也都能传输到平台，校园资产将不再是一笔算不清的糊涂账。当前，物业团队正在着手把一些临时性、可移动性的资产也囊括到平台里面，准备将所有的末端全部上线。如今，北区食堂已经是一栋夜间无人值守的楼，晚上完全交托给中控室进行安防联动，高度智能化让校园社区管理迈上了新台阶。这些运维管理服务的提升，可控、节能、标准，将为社会经营性管理提供新的思路。

北航校园奠基仪式

（三）学术支持再创新

作为一所学术背景强大的工科院校，新北区的建设依靠着北航的优势资源，在很多先进技术领域得到了科研团队的指导和支持。比如化学学院的杨军教授，他的研究发现蜡虫可以降解聚乙烯，黄粉虫可以降解聚苯乙烯，并且这些塑料能够作为虫子的食物来源支持他们生长。于是杨军教授和学校的垃圾分类站进行合作，专攻降解塑料。还有研究传感器和研究数字孪生技术的另外两位老师，在智慧平台的搭建上也给予了很多支持。正是因为有了这些科研工作者无私的奉献，将对北航的热爱化作学术成果，新北区高度智能化社区才能如此顺利地搭建完成。如果将这一项目的研创过程比作培养一个孩子，那么新北社区就是一个“养成系”建筑，一代代建设者将设计的巧思与科技的创新注入它的灵魂，滋养了这个日益强壮的少年，让他以更强健的体魄引领高校建设的时代浪潮。

五、适宜技术——校园建筑可持续

（一）能源转型勇担当

如果从空中俯瞰新北区宿舍楼，就会发现这里的屋顶和别处不太一样——他们被一片夜空般深邃的蓝色覆盖着，在阳光的照射下熠熠生辉——这便是分布式光伏电站，也称屋顶太阳能。屋顶排布着面积达 1440 平方米的太阳能热水集热器，采用太阳能 + 空气源热泵系统，充分利用可再生清洁能源，能够同时满足宿舍区生活热水和厨房区用水需求。太阳能板采用分区控制系统，不同片区可独立控制以应对不同的用水负荷，进一步达到节能效果。这一充满人文关怀的设计在寒冷的北方冬季尤为重要。虽然这小

北航旧影

小的一片屋顶，只是向可持续能源转变进程中迈出的一小步，却是解决能源与环境问题的重要环节。北航坚持在能源结构调整的大背景下，从实际出发，优化利用适宜的低技术手段，不放弃任何一点微小的改善，体现了高校环保先行的社会担当。

（二）绿园今日又芬芳

建校初期，北航师生凿湖堆山、植树造林，一片“绿园”镶嵌着一方沉静的湖水，引来水鸟鱼虫，北航学子的琅琅书声萦绕于此。六十载岁月流转，绿园依旧胜景难却，多得是映面桃花，与去年今日的匆匆脚步。这片与新北一体化社区面积相当的绿地位于项目用地南侧，曾是北航唯一的氧吧。校领导批示，要以新建宿舍楼为契机，打造“一片环境优美的整体区域”。设计团队结合规划，采用设计手段将三块彼此割裂却紧密相依的绿地“缝合”在一起——最北端是一块长 300 米、宽 50 米的带状绿地，虽因楼临主路需退红线而无奈产生，却对涵养水源、隔绝噪声有着积极的作用；中间是围合在社区中心的绿色下沉庭院，拥有东、西两组延绵起伏的微地形花园，可以巧妙引入绿植，塑造出令室内外柔性融合的灰空间；最南端，建筑师在宿舍南侧打开门洞，使社区空间与绿园巧妙衔接，向北延续了绿园的纵向轴线，串联起一条贯穿宿舍南北的中央绿化景观带。

面积巨大的绿地，除了维护费用增加以外，也带来储水排水的问题。设计团队在下沉庭院采用下凹式绿地设计，充分进行雨水的滞蓄和净化，内设排水口，可利用场地高差将溢流雨水直接引入北侧带状绿地；向南则通过管网和提升系统引入绿园的荷花池，作为自然水体的补充水源，实现雨水资源的间接利用。这种简单实用的被动式设计造价低廉，节约能源，不仅是通过技术指标实现的绿色技术，更是把人的体验、运维成本综合考量的绿色设计，也是贯彻“海绵城市”的韧性设计成果。这片成体系的、景观性质的绿化，对整个新北社区环境有了很大的提升。

六、“除了上课，没有一个离开新北的理由”

在北航同学间流传着这样一句话：“新北人，人上人。”这一赞誉不仅来自北航学子由衷的喜悦，更是与全国其他高等院校对比所产生的结论。由于当下校园建筑的诸多局限性，高校的住宿条件一直广受诟病，即便很多学校在郊区重建新址，巨大的校园规模与功能单一的建筑单体，也很难为师生提供便利快捷的生活服务。因此，北航新北区在建设初期，就精准定位于“校园功能综合体”，这个巨型综合体囊括了所有校园生活所涉及的场景，师生们能够在这个区域里解决吃饭、住宿、超市采买、洗衣、理发、健身、打印复印等所有问题，甚至还有即将开放的两间 500 平方米共享自习室，学习、生活的难题迎刃而解。

在这个“青年生活成长社区”里，高效运行的系统带给师生便捷的体验。刷卡进校门，刷脸进公寓，下楼吃饭健身，水电缴费用“北区学生公寓”微信小程序……社区虽小，五脏俱全，其打造的 100 米经济生活圈，节约时间的同时提供了相对封闭的小环境，对于保障学生健康安全有着非同寻常的意义。社区其实是一个宏观社会的缩影，受 2020 年新冠肺炎疫情的影响，人员高度聚集性场所的防护问题尤为严峻，阻断外界传染源、避免交叉感染是防控疫情的关键。北区宿舍入住学生数量多达 4000 人，成熟的社区管理、完善的配套设施可以最大程度地减少人员交叉流动，保障相对健康清洁的生活环境。这一先进理念促使管理者们重新审视高校学生社区的概念，其映射出的始于设计的建设管理经验，有着极大的借鉴意义。

作为“青年生活成长社区”，它不仅是生活的空间，还是学习、交流、活动的共享场所。后勤保障处刘静巍副处长谈到：“每年过年学校都会组织一场团圆宴，校长及各学院的领导会请所有没回家的学生吃饺子。这个传统又温馨的活动，在 2019 年新食堂启用后，由于有了新空间，举办得更加热闹，还组织了别出心裁的文艺表演。”新北区创造的这个充满文化质感的空间，连接着情感和心智，孕育出很深的校园情怀，符合北航“德才兼备、知行合一”的育人理念，“这确实是一个创举”。

高常忠处长表示，项目规划初期设定的“五个一”目标，已基本圆满实现：一个品质优良的建设项目；一片环境优美的整体区域；一个高效运行的管理团队；一个物业管控的智慧平台；一本项目建设的经验书籍。如今项目顺利落地运营，建设过程中的经验和意见更需要总结和提升，建筑师务实的创作之路为全国高校社区建设树立了一个样板。

附录

项目建设大事记

2015 年 8 月　取得项目规划条件

经过与规划委员会多轮沟通，对学院路校区教学区规划指标进行了详细的梳理，以原拆原建为基本原则，最终确定了本项目的规划指标。

2015 年 9 月　前期设计阶段

设计团队在项目初期开展了广泛的实地调研与分析研究，结合项目特点确定了大致的设计思路，并在此基础上展开了多轮方案讨论、比选。

2016 年 3 至 4 月　方案设计竞赛

经过约一个月的方案竞赛，叶依谦工作室的方案从几家投标方案中脱颖而出，得到专家评委与校领导的一致好评。

2016 年 5 至 8 月　方案深化

调整食堂方案、户型深化。

设计团队在中标方案的基础上，结合业主意见对宿舍、食堂方案进行了多轮调整，基本确定了最终实施方案。

2016 年 7 月　取得方案复函

在方案深化过程中，设计团队多次与规委沟通，调整设计方案，并取得方案复函批复。

2016 年 8 月　可研批复

6 月开始根据立项筹备可研，经过几轮调整，可研于 8 月获批。

2016 年 9 至 11 月　场地功能安置及拆除

场地现状建筑始建于建校初期，承载北航 60 余年的历史，此阶段对北区现状使用功能进行安置及拆除。

2016 年 7 月　初步设计开始

设计团队于2016年7月开始初步设计，期间经历了多次方案调整，并于 11 月完成初步设计，2017 年 1 月，通过初步设计评审。

2016 年 12 月　取得规划许可证

申报规划许可证期间，设计团队配合业主方进行了人防条件、园林绿化、人防初设的申报，并顺利取得项目规划许可证。

2017 年 6 月　完成施工图设计

此阶段完成各专项施工图设计，完成报消防审查、人防审查、施工图审查，并配合业主完成算量招标等工作。

2017 年 7 月　总包单位进场

工程正式开工。

2017 年 12 月　土方工程完成

基坑开挖土方量达 40 万立方米。

2018 年 5 月　结构工程完成

2019 年 1 月　工程竣工验收备案

2019 年 4 月　宿舍家具、厨房设备配置到位

宿舍、食堂试运行。

2019 年 9 月　正式投入使用

经过各方努力，最终打造了一个多功能的现代化一体化学生社区。

项目相关设计与建设团队

建设单位	北京航空航天大学

建设单位项目管理团队

中心主任（项目负责人）	高常忠	给排水工程师	孙明利
技术负责人	单凯峰	暖通工程师	李　灿
商务负责人	韩晓冬	强电工程师	罗忠远
土建工程师	常　征　郭子兴	造价工程师	施冬雷
弱电工程师	张　斌		

项目设计团队

设计总包单位	北京市建筑设计研究院有限公司
建筑专业	叶依谦　陈震宇　李　衡　从　振　陈禹豪　张　昕　何毅敏
结构专业	杨　勇　贺　阳　张　曼　陈　栋　马　凯　赵　灿
设备专业	祁　峰　李雨婷　王松华　刘　弘　潘　硕　翟立晓　郭歆雪　李　曼　郭　文 张　杰　张　成　郭玉凤　郭佳鑫　李　芳　胡笑蝶
电气专业	宋立立　夏子言　贾路阳　贾　哲　田　梦
景观专业	刘　辉　耿　芳　刘　健　张　慧
经济专业	张广宇　李琳琳　李　振　郑　良　杨文博　陈云杉　吴雅怡　王　宁　吴会娟

精装顾问	北京弘高建筑装饰设计工程有限公司
幕墙顾问	深圳市新山幕墙技术咨询有限公司
厨房顾问	上海创域厨房设计顾问有限公司
勘察单位	中航勘察设计研究院有限公司
施工单位	中国新兴建设开发有限责任公司
监理单位	北京星洲工程管理有限公司